U0241755

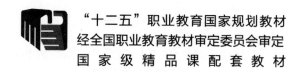

"十二五"职业教育国家规划教材

经全国职业教育教材审定委员会审定

国 家 级 精 品 课 配 套 教 材

园林植物/栽培技术

主编／李永红

〉〉〉

中国轻工业出版社

图书在版编目（CIP）数据

园林植物栽培技术 / 李永红主编 . —北京：中国轻工业出版社，2017.2
"十二五"职业教育国家规划教材
ISBN 978-7-5184-1185-6

Ⅰ . ①园… Ⅱ . ①李… Ⅲ . ①园林植物—栽培技术—高等职业教
育—教材 Ⅳ . ①S688

中国版本图书馆CIP数据核字（2016）第279881号

责任编辑：张 靓 责任终审：张乃东 封面设计：锋尚设计
版式设计：王超男 责任校对：晋 洁 责任监印：张 可

出版发行：中国轻工业出版社（北京东长安街6号，邮编：100740）
印　　刷：北京君升印刷有限公司
经　　销：各地新华书店
版　　次：2017年2月第1版第1次印刷
开　　本：720×1000 1/16 印张：11.75
字　　数：260千字
书　　号：ISBN 978-7-5184-1185-6 定价：26.00元
邮购电话：010-65241695 传真：65128352
发行电话：010-85119835 85119793 传真：85113293
网　　址：http://www.chlip.com.cn
Email：club@chlip.com.cn
如发现图书残缺请直接与我社邮购联系调换
131225J2X101ZBW

前 言 〉〉PREFACE

为贯彻落实全国教育工作会议精神和《国家中长期教育改革和发展规划纲要（2010—2020 年）》，充分发挥教材建设在提高人才培养质量中的基础性作用，促进现代职业教育体系建设，全面提高职业教育教学质量，满足高职高专教学改革和培养高技能应用型人才的需求，我们组织编写了本教材。

编写过程中力求做到以下几点。第一，体现高等职业教育特色，"以服务社会主义现代化建设为宗旨，以就业为导向"，培养面向生产、建设、服务、管理第一线的"下得去、留得住、用得上"的高技能人才。教材内容贴近园林、园艺行业岗位实际，着重培养学生的职业能力和职业素质。 第二，教材内容源自企业岗位对人才培养的要求，采用项目化教学，突出高职特色。教材按园林企业的岗位要求，将课程内容分解成栽培基质处理、种苗生产、病虫害防治、草本和木本栽培养护管理五大能力模块，每一能力模块对应一个职业岗位，并将理论知识点项目化，融入五大能力模块中。教材精选了 20 个实训项目，均源自企业。第三，教材形式上采用情景教学，方便教师教学和学生学习。教材分为 5 个情景进行教学，每个项目包含了重点、难点以及项目导入、理论教学、实训、课后练习等内容。本教材所选植物包括了我国各地常见的园林植物，各校相关专业可根据当地具体情况及教学要求，酌情选择内容。建议总学时 50 ~ 80 学时，其中讲授 20 ~ 30 学时，实训 30 ~ 50 学时。

本教材学习情境一由李永红（深圳职业技术学院）编写，学习情境二由李永红、李晓东（深圳职业技术学院）、朱玮（吉安职业技术学院）和魏玉香（黑龙江外国语学院）编写，学习情境三由陈晓琴（深圳职业技术学院）编写，学习情境四由缪珊（北京农业职业学院）和李永红编写，学习情境五由闽宪梅（淄博职业学院）编写，全书由李永红统稿。

由于编写人员水平有限，不足之处在所难免，敬请读者批评指正。

编者

目 录〉〉CONTENTS

项目一 〉〉园林植物市场调查与生产计划的制定

学习目标

通过学习园林植物市场的调查方法和内容，了解当地园林生产现状和公司运行方式，掌握园林植物生产计划的制定依据和注意事项。

学习重点与难点

学习重点：园林植物生产计划的制定。

学习难点：园林植物市场调查。

项目导入

生产计划是学生在新学年进行园林植物品种和数量选择的依据，园林市场调查是生产计划制定的前提。园林植物生产的目的是为了销售，学生掌握合适的调查方法和技巧后，调查园林植物市场，了解当地园林植物生产的概况、生产的主要种类和数量、每种园林植物的成本和销售前景以及流行品种的预测等问题，在此基础上才能制定出本组切实可行的生产计划。

一、园林植物市场调查

植物市场调查是植物市场营销活动的起点，它是通过一定的科学方法对植物市场进行了解和把握，在调查活动中收集、整理、分析市场信息，掌握当地植物市场发展变化的规律和趋势，为学习该课程时植物种类的选择和数量的确定提供可靠的数据和资料，从而帮助小组制定出正确的生产计划。

1. 园林植物市场调查的内容

园林植物市场调查的内容涉及园林植物市场营销活动的整个过程，主要包括有以下几种调查。

（1）当地园林植物大环境的调查　包括园林植物企业和植物市场以及从业人员等。具体的调查内容是从事园林植物生产和销售的企业数量、规模以及企业中的人员素质、技术水平等。

（2）园林植物市场需求调查　市场需求调查主要包括当地的风俗习惯，消费者每年购花的需求量调查、消费结构调查、消费者行为调查，包括消费者为什么购买、购买什么、购买数量、购买频率、购买时间、购买方式、购买习惯和购买偏好等。

（3）园林植物企业供给调查　主要包括植物产品种类、数量、价格和质量调查等。具体到某一种植物时要调查其品种、颜色、特性、规格、数量和价格等。

（4）园林植物市场竞争情况调查　主要包括对竞争企业的调查和分析，了解同类企业的产品、价格等方面的情况，他们采取了什么竞争手段和策略，做到知己知彼，通过调查帮助本组确定相应的竞争策略。

2. 园林植物市场调查的方法

园林植物市场调查的方法主要有观察法、访问法和问卷法。

（1）观察法　观察法是园林植物市场调查最基本的方法。它是由调查人员根据调查研究的对象，利用眼睛、耳朵等感官以直接观察的方式对其进行考察并搜集资料。例如，学生到被访问者的生产或销售场所去观察园林植物品种的质量和数量等。

（2）访问法　访问法可以分为结构式访问、无结构式访问和集体访问。结构式访问是事先设计好的、有一定结构的访问问卷的访问。学生要按照事先设计好的调查表或访问提纲进行访问，要以相同的提问方式和记录方式进行访问。提问的语气和态度也要尽可能地保持一致。

无结构式访问没有统一问卷，是由学生与被访问者自由交谈的访问。它可以根据调查的内容，进行广泛的交流，如对植物商品的价格进行交谈，了解被调查者对价格的看法等。

集体访问应通过集体座谈的方式听取被访问者的想法，并收集信息资料。集体访问可以分为专家集体访问和消费者集体访问。

（3）问卷法　问卷法是通过设计调查问卷，让被调查者填写调查表以获得所调查对象的信息。在调查中将调查的资料设计成问卷后，让接受调查的对象将自己的意见或答案填入问卷中。在一般的实地调查中，以问卷法应用最广。

◎ 二、生产计划的制定

小组成员在完成当地园林植物生产与销售情况的调查前提下，结合生产计划制定的原则与流程制定出可行的生产计划。

（一）制定生产计划的原则

1. 重点种类的原则

根据市场行情，选择一到两种主要植物品种进行生产。

2. 具体原则

选择好具体种类后，要列出生产的数量、规格、价格、种子或幼苗的进货渠道以及通过网络查出该种植物的生产技术措施等。

3. 项目分工原则

在生产计划中要明确小组成员的分工，既有负责生产的分工，也有销售的分工，还要有每天到生产基地负责管理的合理安排等。

（二）制定生产计划的基本原理和基本流程

生产计划的实质是保证销售规划和生产规划对规定的需求（需求什么，需求多少和什么时候需求）与所使用的资源取得一致。生产计划考虑了生产规划和销售规划，它着眼于销售什么和能够生产什么，这就能为生产小组制定一个合适的生产进度计划，以达到最好的学习效果。

生产计划编制过程包括小组编制、教师评价和修改三个方面。

实训一〉〉园林植物市场调查与生产计划的制定实训

一、实训目的

通过了解当地园林植物生产现状和公司运行方式，掌握园林植物生产计划的制定依据和园林植物生产计划制定的注意事项，为本学期课程学习奠定基础。

二、实训步骤

（1）3~4 人为一组，采用分组形式设计好问卷调查表或准备好咨询的问题。

（2）选择当地 3~4 家比较有代表性的园林植物生产企业和花卉市场进行园林植物调查。

（3）整理调查结果。

（4）撰写学期生产计划。

（5）教师点评。

（6）订正生产计划。

项目二 〉〉 栽培基质的种类与消毒

学习目标

　　通过学习，学生掌握园林植物常见的栽培基质种类和消毒方法，以期能根据实际情况选择合适的栽培基质进行植物栽培，生产出高质量的园林植物。

学习重点与难点

　　学习重点：栽培基质的种类。

　　学习难点：栽培基质的消毒方式。

项目导入

　　栽培基质是园林植物生长的基础，不同园林植物和植物生长的不同阶段对栽培基质的要求不同。优良的栽培基质是栽培取得成功的前提，在盆花生产中，由于栽培基质中可能含有细菌、病毒和杂草种子等，会影响植物的生长，因此很有必要对栽培基质进行消毒处理，以满足植物生长发育的需要。本项目主要讲授优良栽培基质的特点、常见栽培基质的种类以及消毒的方法。

一、栽培基质的种类

　　盆栽植物因根系生长受到显著的限制，因此对盆土的水、肥、气、热较大田栽培植物有较高的要求，单纯用一般土壤已经很难满足盆栽植物的需要，因此，生产上通常用一种或几种栽培材料来改良土壤的理化性质，这种改良混合后的土壤称为栽培基质。良好的栽培基质具有如下特点：良好的通气性；较好的保水、保肥能力；含有一定养分；适当的 pH 和 EC；无病菌、细菌和杂草种子。

1. 珍珠岩

　　珍珠岩是一种将粉碎的火山岩加热到 100℃后形成的一种保温材料，乳白色，容重为 0.128g，一般认为珍珠岩有比较好的通气性和较低的有效水含量。基于这种特点，通常将珍珠岩和泥炭混合，作为育苗基质。

2. 蛭石

　　蛭石是将云母状的硅酸盐在极短时间里加热至 1000℃，借助薄层之间的膨胀使之具有很高的孔隙率，因此它非常轻，容重为 0.096~0.16g，呈中性，具有良好的缓冲性，能保持水分和养分，并含有可被植物利用的镁和钾。

3. 泥炭

泥炭又称草炭、泥煤。它是古代湖沼地带的植物被埋藏在地下，在水淹和缺少空气的条件下，分解不完全的特殊有机物。风干后呈褐色或暗褐色，有酸性或微酸性反应，对水及氨的吸附力很强，可吸水量为本身重量的 2 倍甚至更多，有机质含量达 40%~90%，不易分解，含氮肥量为 1%~2.5%，但速效氮含量很低，仅占全氮的 1% 左右。含磷钾量在 0.1%~0.5%。

4. 陶粒

顾名思义，就是陶质的颗粒，是一种新研制的栽培基质，以黏土为主要原料，加入植物所需的 14 种元素化合物，先加工成球形小颗粒，再经 850℃ 左右高温烧结而成。通常陶粒呈粉红色或赤色，内部空隙多、结构多类似蜂窝状，质地轻，但具有一定的机械强度，有良好的吸水、透气特性，持肥能力强。

5. 木屑和稻壳

木屑和稻壳二者价格便宜，无病虫害的污染，在城镇可以大量、稳定地取得。木屑、稻壳通气性良好，这对植物根部的生理活性以至整个植物的生长发育都是十分有利的。

6. 腐叶土

腐叶土是树木的落叶经堆积而成的，腐殖质含量高，排水通气性能好，有一定的保水能力。

二、栽培基质的配制

盆栽基质一般可分为以土壤为基础的培养土和以人工基质为基础的无土混合基质两大类。由于植物的种类不同，各地容易获得的材料不一，很难拟定出统一的植物栽培基质配方。但总的趋向是要降低土壤的容重，增加孔隙度和增加水分、空气的含量。其中，混合后的栽培基质，容重应低于 1.0g，通气孔隙应不小于 10%。

综合各地栽培情况，推荐播种育苗的栽培基质配方为：70% 泥炭 +20% 椰糠 +10% 珍珠岩。

推荐的栽培盆栽植物的栽培基质配方为：60% 泥炭 +30% 椰糠 +10% 珍珠岩。

三、栽培基质消毒方法

土壤是传播病虫害的主要媒介，也是病菌繁殖的主要场所，许多病菌、虫卵和害虫都在土壤中生存或越冬，而且土壤中还常有杂草种子。因此，不论是苗床用土、盆花用土，还是露地花圃、沙石类基质，在使用前都应彻底消毒。但这一措施常被人们忽视，从而造成杂草蔓延，苗木患病，插穗、种子或幼苗霉烂或软腐。所以，土壤或营养土及各种基质消毒是关系到育苗和栽植成败的一项关键性措施。常用的栽培基质消毒方法归纳如下。

1. 物理消毒

（1）日光消毒 将栽培基质放在清洁的混凝土地面、木板或铁皮上，薄薄平摊，暴晒 3~15d，可以杀死大量病菌孢子、菌丝、虫卵、成虫和线虫。

（2）蒸气消毒 把栽培基质放入蒸笼上蒸，加热到 60~100℃，持续 30~60min，30min 后可杀灭大部分细菌、真菌、线虫和昆虫以及大部分杂草种子。

（3）水煮消毒 把栽培基质倒入锅内水中，加热到 80~100℃，煮 30~60min，煮后滤去水分晾干到适中湿度即可使用。

（4）火烧消毒 对于保护地苗床或盆插、盆播用的少量土壤，可放入铁锅或铁板上加火烧灼，待土粒变干后再烧 0.5~2h，可将土中的病虫全部彻底消灭干净。这种方法可将土壤中的有机物烧成灰分。在露地苗床上，将干柴草平铺在田面上点燃，这样不但可以消灭表土中的病菌、虫和虫卵，翻耕后还能给土壤增加一部分钾肥。

2. 化学消毒

（1）甲醛溶液（福尔马林溶液） 每立方米栽培基质中均匀喷施 40% 的福尔马林溶液 400~500mL，稀释 50 倍，然后把栽培基质堆积，盖塑料薄膜，密闭 24~48h 后去掉覆盖物并把栽培基质摊开，待气体完全挥发后便可使用。沙石类消毒还可以用 50~100 倍福尔马林溶液浸泡 2~4h，用清水冲洗 2~3 遍，即可使用。

（2）硫黄粉 在翻耕后的土地上，按每平方米 250~300g 的剂量撒入硫黄粉并耙地进行土壤消毒，或在每立方米栽培基质中施入硫黄粉 80~90g 并混匀。用硫黄粉进行土壤消毒，既可杀死病菌，又能中和土壤中的盐碱。此法多在北方偏碱性土壤中使用。

（3）石灰粉 在翻耕后的土地上，按每平方米 30~40g 的剂量撒入石灰粉进行消毒。或每立方米栽培基质中施入石灰粉 90~120g 进行消毒，充分拌匀。用石灰粉进行土壤消毒，既可杀虫灭菌，又能中和土壤的酸性，此法多在南方针叶腐殖质土中使用。

（4）多菌灵 每立方米栽培基质施 50% 多菌灵粉剂 40g，拌匀后用塑料薄膜覆盖 2~3d，揭去薄膜待药味挥发后使用。

（5）代森锌 每立方米培养土施 65% 代森锌粉剂 60g，拌匀后用塑料薄膜覆盖 2~3d，揭去薄膜待药味挥发后使用。

（6）硫酸亚铁（黑矾） 一般使用粉剂，也可用其水溶液进行消毒。雨天用细干土加入 2%~3% 的硫酸亚铁制成药土按每平方米 100~220g 撒入土中，或将硫酸亚铁配成 2%~3% 的溶液，每平方米用 9L 溶液进行土壤消毒。

（7）敌百虫 苗圃土壤地下害虫严重时，可用 90% 敌百虫晶体 0.5kg，加饵料50kg制成毒饵，撒在苗床上对害虫进行诱杀。

注意消毒时要戴口罩和手套，防止药物吸入口内和接触皮肤，工作后要漱口，并用肥皂认真清洗手和脸。

实训二 〉〉 栽培基质的配制与消毒

一、实训目的

学习常见栽培基质的种类、配制方法和消毒方式，掌握常见几种栽培基质的特点和栽培基质的消毒方法，从而为植物栽培提供优良栽培基质，以满足植物良好生长的需要。

二、实训器材与药剂

量筒、玻璃棒、喷雾器、甲醛、塑料膜、卷尺、铁锹等。

三、实训步骤

1. 分组进行植物栽培基质的配制（如图1-1所示）

识别泥炭、蛭石（椰糠）和珍珠岩的特性，泥炭有一定养分、良好的保水性能，蛭石（椰糠）和珍珠岩有良好的透气透水性。

播种用栽培基质的比例为泥炭：蛭石：珍珠岩=7：2：1，栽培用栽培基质的比例为泥炭：蛭石（椰糠）：珍珠岩=6：2：2。

将上述基质按体积比进行混合，在混合时用铁锹从下面翻过来，放在另一

基质准备　　　　　　基质整理　　　　　　拌匀基质

薄膜覆盖　　　　　　喷施农药　　　　　　测量体积

图1-1　栽培基质配制与消毒流程

块地方，如此反复，直至混匀。

2. 测量基质的体积

将混合好的基质堆成圆锥形或其他形状，用卷尺测量后计算出体积。

3. 药剂配制

按每立方米基质需要 40% 甲醛 500mL 来确定甲醛的量，并按一定的比例稀释（常用的比例为 1 ∶ 50）。

4. 消毒

将稀释的甲醛用喷雾器均匀地喷洒在基质上，边喷洒甲醛边用铁锹翻动基质，以便均匀。

5. 覆盖

喷洒完后用塑料膜覆盖，2~3d 后翻动一次，7d 后即可使用。

◎ 练习题 〉〉

一、判断题

1. 所有栽培基质使用前都需要进行消毒。（　　　）

2. 栽培基质的消毒包括物理消毒和化学消毒两种方式。（　　　）

3. 栽培基质的消毒主要为了杀死杂草种子。（　　　）

4. 蒸汽消毒是最为简单和方便的消毒方式。（　　　）

5. 栽培基质消毒过程中往往将有益的微生物也一起杀死。　（　　　）

6. 栽培基质只能使用一次。（　　　）

7. 栽培基质由珍珠岩、陶粒、泥炭、椰糠、树皮、椰壳等组成。（　　　）

8. 植物在不同生长发育阶段要求不同的栽培基质。（　　　）

9. 在生产上，1m^3 的栽培基质用 500mL 的甲醛进行消毒，而且在消毒后需要用塑料进行覆盖，在使用前 1 周需翻动基质。（　　　）

二、选择题

1. 配制盆栽栽培基质，对各种混合材料的理化性质需有一个全面了解，就吸附性能（即保肥性能）来说，下列材料中，最强的是____。

A. 珍珠岩　　　　　B. 木屑　　　　　C. 黏土　　　　　D. 泥炭

2. 从以下各种介质的通气性能来看，最强的材料是____。

A. 蛭石　　　　　B. 珍珠岩　　　　　C. 陶粒　　　　　D. 木屑

3. 从以下各种介质的持水性能来看，最强的材料是____。

A. 稻壳　　　　　B. 壤土　　　　　C. 木屑　　　　　D. 黏土

4. 优良的栽培基质要求____。

A. 优良的透水透气性　　　　　B. 优良的保肥性

C. 无病虫害　　　　　　　　　D. 一定的养分含量

项目三 〉〉栽培基质的 pH 和 EC 测定

学习目标

    通过课程学习，了解栽培基质的 pH 和 EC 的基本含义以及栽培基质的 pH 和 EC 对植物生长的影响，并掌握栽培基质的 pH 和 EC 测定方法。

学习重点与难点

    学习重点：用 pH 计测定土壤的 pH 和用电导率仪测定 EC。

    学习难点：用 pH 计测定土壤的 pH。

项目导入

    良好的栽培基质是生产优质园林植物的基础，它须具有适宜的 pH 和较低的 EC。pH 的基本含义是用 H^+ 浓度表示酸碱度，范围在 6.5~7.5 为中性，大于 7.5 为碱性，小于 6.5 为酸性，基质过酸或过碱都会对植物生长造成不良影响。EC 是用来表示溶液中离子浓度，EC 高表示盐分浓度大。一般植物生长需要低浓度的盐分，如果基质中 EC 高会影响植物根系的吸收，从而影响植物的生长发育。因此，掌握栽培基质 pH 和 EC 测定和调节方法对生产出优质的园林植物有重要的意义。

一、栽培基质的 pH 及测定

1. 栽培基质 pH 的基本含义

    pH 的基本含义是 H^+ 浓度，表示基质的酸碱度，范围在 6.5~7.5 为中性，大于 7.5 为碱性，小于 6.5 为酸性。

2. 栽培基质 pH 对植物生长的影响

    基质 pH 对植物生长的影响主要表现在以下三个方面。

    （1）影响植物根系的活动　植物根系只有在一定的 pH 范围内才能进行正常的新陈代谢活动，包括呼吸、离子交换、对各种营养元素的吸收等。不同的植物适应的 pH 范围有差异，一般植物根系的 pH 要求在 5.4~6.3，高出或低于这个范围，植物根系的活动就会受到抑制，严重时根系可能坏死，从而导致整个植株的死亡。

    （2）影响栽培基质中营养元素的有效释放　栽培基质中的营养元素以多种形态存在，如化合物、离子、聚合物等。有些形态下的元素不能被植物根系吸收利用，比如酸性基质中，磷酸根易与镁或铝结合，而形成不易被植物吸收的状态，使植物产生缺磷、缺钙镁症，而铁、锰、铜、锌等微量元素的吸收过量又可能导致中毒；碱性基质中，铁、锰、硼、铜、锌易受固定而导致植物铁、锰、硼、铜、锌的缺乏，而钠、铵离子容易被植物吸收过量。

（3）影响根际微生物活动　基质中有部分微生物对植物的生长是有利的，有的与植物是共生关系，有益微生物可以帮助植物吸收养分、分解有机物、分泌有机酸改善土质等，而微生物活动需要在一定的 pH 范围内进行。

综上，基质的 pH 对营养元素的有效利用和植物根系的正常活动至关重要。同时，在栽培过程中会不断浇水，若灌溉水的 pH 与基质的 pH 差距较大，会导致栽培基质 pH 的改变，所以栽培用水的 pH 要求与适宜的基质 pH 贴近，一般在 5.2~6.8。

3. 喜酸性和喜碱性的植物种类

绝大部分园林植物都是喜欢酸性至微酸性土壤条件的，也有一些植物喜中性或微碱性的条件。喜酸性的常见植物有杜鹃、山茶、茶梅、红枫、白兰、米兰、栀子、珠兰、海棠类、秋海棠类、珙桐、金花茶、盆橘、樱花、五针松、罗汉松以及绝大部分观叶类植物；喜碱性的植物则不很多，有一定抗盐碱能力的花木主要有石榴、榆叶梅、夹竹桃、连翘、木香、枸杞、木槿、海滨木槿、紫藤、迎春、丁香、杜梨、合欢、泡桐、无花果、柽柳、黑松、杏、梨、月季、龙柏、周柏、侧柏、火炬树等。

4. 栽培基质 pH 的测定方法

测定栽培基质 pH 的主要方法有 pH 试纸法和 pH 计法。前者是较为粗糙的测定，后者是精确的测定，因此往往是先用试纸测试，确定大致范围，再用 pH 计法测定。具体测定方法见实训项目。

5. 栽培基质 pH 的调试方法

作为最常用的栽培基质，泥炭土本身的 pH 一般都比较低，有的泥炭土 pH 只有 3 左右，所以使用前需要调整 pH，否则会影响后面的生产。常用的方法有石灰水和石灰石粉调节。

（1）石灰水调 pH　将石灰溶于水，配制成饱和石灰水溶液并与基质混合。

（2）石灰石粉调 pH　就是将石灰石粉加到基质中去。石灰石粉主要有两类：碳酸钙类型和碳酸钙－碳酸镁类型。大致而言，碳酸钙类型反应要快一些，同样的用量能将栽培基质的 pH 调得高一些。石灰石粉加到基质中后，只有一部分会很快发生作用，在 5~7d 后使基质的 pH 上升到一个稳定的水平。起反应的这部分称为反应部分，剩下没反应的部分叫残留部分，残留部分会慢慢进行反应，这对基质的长期 pH 缓冲能力有很大影响。相比石灰水调基质的 pH，石灰石粉调节的基质对 pH 的缓冲能力比较强，即使用酸性肥料，基质的 pH 也能保持在合适的范围内。但缺点是要 5~7d 后基质的 pH 才能达到一个稳定的水平。

二、栽培基质的 EC 及测定

电导率（EC）是栽培基质重要的化学性质，它反映基质内可电离盐类的溶液浓度，反映了基质中可溶性盐分的多少，直接影响浇灌营养液或施肥的量。基质的电导率也称电导度，用以表示各种离子的总量（含盐量），一般用毫西门子／厘米（mS/cm）表示。电导率反映了基质中原来带有的可溶盐分的多少，基质中可溶性盐含量不宜超过 1000mg/kg，基质中可溶性盐含量最好不超过 500mg/kg。

在常用的栽培基质中，树皮、炭化稻壳、海沙和煤渣含有较高的盐分，其中煤渣含钙高达 9247.5mg/kg，这些基质在使用前应用淡水淋洗或做其他适当处理。基质的电导率和硝态氮之间存在相关性，故可用电导率值推断基质中氮素含量，判断是否需要施用氮肥。一般在花卉栽培时，当电导率值小于 0.37~0.5mS/cm 时（相当于自来水的电导率值），必须施肥，并且最好淋洗盐分；电导率值达 1.3~2.75mS/cm 时，一般不再施肥。

电导率较高，会对植物造成伤害。理想的基质 EC 为 0.20~0.75mS/cm（1∶2 测定法）。植物对基质 EC 的敏感性，因品种及发育阶段的不同而不同，幼苗对高盐的敏感性比成龄植株大得多（尤其胚根刚出现时）。当基质干燥时，植物对盐类的敏感性表现加剧，因而育苗前期要保证基质的 EC 低于 0.75mS/cm，且保持栽培基质的湿润。

实训三 >> 栽培基质的 pH 与 EC 测定

一、实训目的

通过学习栽培基质的 pH 和 EC 的测定过程，掌握栽培基质的溶解方法、pH 计和电导率仪的使用方法，以期能为植物栽培提供合适栽培基质条件，以满足植物良好生长的需要。

二、实训器材

酸度计、电导率仪、pH 玻璃电极、饱和甘汞电极、搅拌器、烧杯、量筒、玻璃棒、漏斗等。

三、化学试剂

1. 1mol/L 氯化钾溶液

称取 74.6g 氯化钾（化学纯）溶于 800mL 水中，用稀氢氧化钾和稀盐酸调节溶液 pH 为 5.5~6.0，稀释至 1L。

2. pH 4.01（25℃）标准缓冲溶液

称取经 110~120℃烘干 2~3h 的邻苯二甲酸氢钾 10.21g 溶于水，移入 1L 容量瓶中，用水定容，储于聚乙烯瓶中。

3. pH 6.87（25℃）标准缓冲溶液

称取经 110~130℃烘干 2~3h 的磷酸氢二钠 3.533g 和磷酸二氢钾 3.388g 溶于水，移入 1L 容量瓶中，用水定容，储于聚乙烯瓶。

4. pH 9.18（25℃）标准缓冲溶液

称取经平衡处理的硼砂（$Na_2B_4O_7 \cdot 10H_2O$）3.800g 溶于无 CO_2 的水，移入 1L 容量瓶中，用水定容，储于聚乙烯瓶。

硼砂的平衡处理：将硼砂放在盛有蔗糖和食盐饱和水溶液的干燥器内平衡两昼夜。

5. 去除 CO_2 的蒸馏水。

四、实训步骤

（一）栽培基质 pH 的测定

1. 仪器校准

各种 pH 计和电位计的使用方法不尽一致，电极的处理和仪器的使用按仪器说明书进行。

2. 栽培基质水浸液 pH 的测定

称取通过 2mm 孔径筛的风干试样 20g（精确至 0.1g）于 50mL 高型烧杯中，加去除 CO_2 的水 20mL，以搅拌器搅拌 1min，使土粒充分分散，放置 30min 后过滤，取滤液测定。将电极插入待测液中，轻轻摇动烧杯以除去电极上的水膜，促使其快速平衡，静止片刻，按下读数开关，待读数稳定时记下 pH。放开读数开关，取出电极，用水洗净，用滤纸条吸干水分后即可进行第二个样品的测定。每测 5~6 个样品后需用标准液检查定位。pH 的测定流程见图 1-2。

3. 读数

用酸度计测定 pH 时，可直接读取 pH 数值。

（二）栽培基质 EC 的测定

1. 仪器校准

各种电导率仪的使用方法不尽一致，电极的处理和仪器的使用按仪器说明书进行。

2. 测量开关转换

仪器校准后，将测量开关置于"测量"位，表针指示数乘以"量程"倍率即为溶液电导率。

3. 栽培基质水浸液电导率的测定

称取通过 2mm 孔径筛的风干试样 20g（精确至 0.1g）于 50mL 高型烧杯中，加去除 CO_2 的水 20mL，以搅拌器搅拌 1min，使土粒充分分散，放置 30min 后

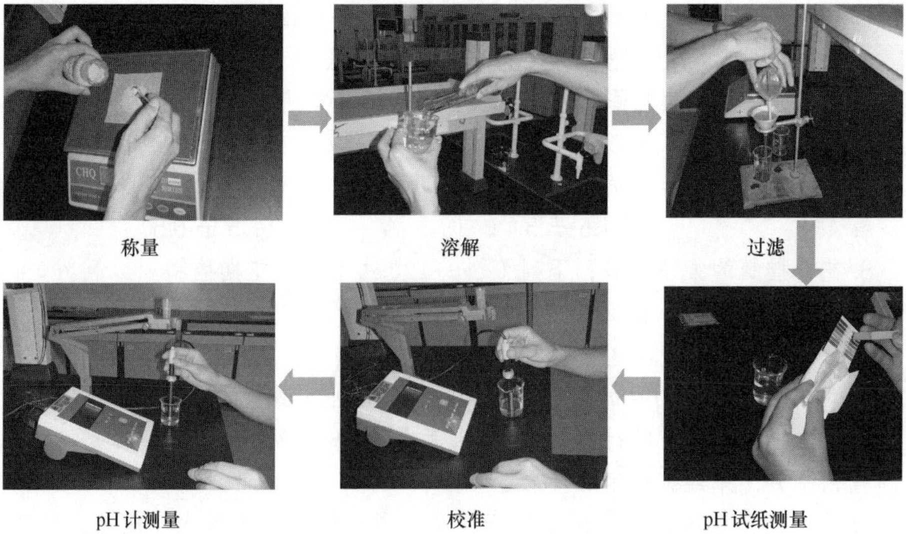

称量　溶解　过滤

pH 计测量　校准　pH 试纸测量

图 1-2　pH 测定

过滤，取滤液测定。将电极插入待测液前，先用 pH 试纸测出大致范围，然后，轻轻摇动烧杯以除去电极上的水膜，促使其快速平衡，静止片刻，待指针稳定时记下具体值。

4.计算

用具体的读数乘以量程的倍率即为电导率值。

练习题〉〉

一、选择题

1.配制无土栽培营养液时应注意的事项有（　　　）。

A.不能使用金属容器配制或存放

B.不能使用陶瓷、塑料及玻璃器皿等存放

C.调整 pH，应先把强碱加水稀释或溶化，再逐滴加入营养液中

D.尽量使用钙、镁含量高的硬水

E.尽量使用蒸馏水

2.（　　　）为喜酸性植物。

A.杜鹃　　　　　B.茉莉　　　　　C.桂花　　　　　D.茶花　　　　　E.侧柏

3.土壤酸碱性能直接影响花卉生长，绝大部分花卉适于（　　　）土壤生长。

A.石灰性　　　　　B.酸性　　　　　C.中性偏碱　　　　D.中性偏酸

4.杜鹃、山茶、兰花等花卉一般喜欢 pH 为（　　　）的土壤中生活。

A.6~7　　　　　B.3~4　　　　　C.4.5~5.5　　　　D.5.5~6.5

5.桂花常有长年只长叶不开花的现象，其主要原因是（　　　）。

A.光照不足　　　B.土壤酸性不足　C.肥料不足　　　D.受污染

6.土壤酸碱性能直接影响花卉生长，绝大部分花卉适于（　　　）土壤生长。

A.石灰性　　　　B.酸性　　　　　C.中性偏碱　　　D.中性偏酸

7.最适于山茶花生长的土壤 pH 为（　　　）。

A.4~5　　　　　B.4.5~5.5　　　C.5~6　　　　　D.5.5~6.5

8.花期控制的方法很多，下列（　　　）方法不属于花期控制。

A.调节土壤 pH　　B.调节温度　　C.调节光照　　　D.控制水肥

二、判断题

1.如果为了改善山泥的疏松通气状况，应当加入适量的砻糠灰。（　　　）

2.优良的盆栽混合材料，从物理因素考虑，主要是降低密度，增加孔隙度(包括通气孔隙)，并具有一定的持水量。（　　　）

3.砂土大孔隙多，透气透水性好，养分含量低，保肥保水性能差，温度容易上升，也容易下降，称热性土，发小苗、不发大苗。黏土则与之相反，称冷性土，发大苗，不发小苗。（　　　）

4.土壤密度的大小可以反映土壤松紧状况，是土壤的重要物理性质。土壤密度大，说明土壤紧实，孔隙度小，通气、排水性能差。反之，土壤密度小，说明土壤孔隙大、疏松、通气性能好。（　　　）

5.优良的盆栽混合材料，从化学因素考虑，主要是养分含量高(即电导率高)，保肥能力要强，应该是酸性的材料。（　　　）

6.土壤的碱度过大，会引起土壤中矿物质元素的沉淀或流失，而不能被植物利用。（　　　）

学习情境二 ○ 种苗生产

项目一 〉〉常见园林植物播种繁殖

学习目标

通过学习，掌握优良种子的特性、发芽条件、花卉播种操作技术与要求。

学习重点与难点

学习重点：优良种子的特性、发芽条件、花卉播种操作技术与要求。

学习难点：花卉播种操作技术。

项目导入

育苗是花卉栽培的基础，而播种又是育苗的基础。种子在适宜的环境下，体内的酶才能活动起来，把储藏的营养物质转化成能量，进而萌芽、长苗。

一、优良种子与发芽条件

1. 优良种子的特性

优良种子是花卉栽培成功的重要保证，优良种子应具有以下特性。

（1）发育充实　优良的种子具有很高的饱满度，已完全发育成熟，播种后具有较高的发芽势和发芽率。

（2）富有生活力　新采收的种子比陈旧种子的发芽率及发芽势均高，所长出的幼苗大多生长强健。

（3）无病虫害　种子是传播病虫害的重要媒介，因此，要建立种子检疫及检验制度以防各种病虫害的传播。一般而言，种子无病虫害，幼苗则健康。

2. 种子发芽条件

无论什么种类的花卉种子，只有在水分、温度、氧气和光照等外界条件适宜时才能顺利发芽。对于休眠种子来说，还要首先打破休眠。

（1）基质　基质将直接改变影响种子发芽的水、热、气、肥、病、虫等条件，一般要求细而均匀，不带石块、植物残体及杂物，通气排水性好，保湿性能好，肥力低及不带病虫。

（2）水分　花卉种子萌发首先需要吸收充分的水分。种子吸水后，开始膨胀使种皮破裂，此时种子的呼吸强度加大，其内部各种酶的活动也随之旺盛起来，储存在种子内的蛋白质、脂肪、淀粉等储藏物质即行分解、转化成可被吸收利用的营养物质，这些营养物质被输送到胚以保证胚的生长发育，幼芽随之萌出。不同花卉种子的吸水能力不同，因此播种期不同种子对水分需求也不相同。

此外，对于一些种皮较厚、坚硬、吸水困难的种子（通称硬实种子），通常要在播种前进行刻破、挫伤等预处理，以保证播种后能顺利吸水正常发芽，如美人蕉、芍药、香豌豆等。而万寿菊、千日红等种皮外被绒毛的花卉种子，播种前最好先去除绒毛或直接播种在蛭石里，以保证种子吸水促进种子萌发，提高萌芽率。

（3）温度　花卉种子萌发的适宜温度依植物种类及原产地的不同而异。通常原产地的温度越高，种子萌芽所要求的温度也越高。基本规律是热带原产种子的萌芽温度高于亚热带、温带的原产种子，而温带原产的种子萌发往往需要经过春化阶段。一般花卉种子萌芽适温要比生育适温高出 3~5℃。大多数春播一、二年生花卉种子的萌芽适温为 20~25℃，秋播花卉的萌芽适温为 15~20℃，而鸡冠花、太阳花等播种期要求在 25~30℃的较高温度条件下进行。

（4）氧气　没有充足的氧气，种子内部的生理代谢活动就不能顺利地进行，因此种子萌发必须有足够的氧气，这就要求大气中的含氧量充足，播种基质透气性良好。当然，水生花卉种子萌发的需氧量是很少的。

（5）光照　大多数花卉种子的萌发对光照要求不严格，但是好光性种子萌芽期间必须有一定的光照，如毛地黄、矮牵牛、凤仙花等；而嫌光性种子萌芽期间必须覆土。一般覆土厚度是种子直径的 1~2 倍，如雁来红、黑种草等。

（6）病虫害　常见虫害有蚂蚁、螨类及其他土壤害虫，可通过基质的选用及药物消毒来防治。播种苗床中最常见并危害严重的是猝倒病。病原菌多源于基质或周围环境中，也可附于种子之上，在种子发芽后的初期为害，或使种子出土前即腐烂，但疾病最易发生于幼苗子叶展开后至刚发几片真叶的幼期，幼苗从接近土表的根颈处骤然枯萎，使幼苗猝然倒下。

防治猝倒病应从清除病原菌和控制育苗环境两方面进行。基质和种子应先杀菌，苗床及周围环境要彻底清洁并喷杀菌剂，腐烂的植物病原菌最多，应彻底清除。

高温、高湿、通气不良或光照不足时，病害会大量发生。幼苗出土后保持土表稍干，给予良好通气和充足光照，能抑制病害发生或蔓延。施肥过量，也易引起猝倒病发生。

◎ 二、播种时期

播种时期应根据各种花卉的生长发育特性、计划供花时间以及环境条件与控制程度而定。保护性栽培可按需要定时播种；露地播种则依种子发芽所需温度及自身适应环境的能力而定。一般花卉的播种时期为春播和秋播。

1. 春播

一年生草花大多为不耐寒花卉，多在春季播种。我国江南地区在3月中旬到4月上旬播种；北方在4月上中旬播种。如北方供"五·一"节花坛用花，可提前于1~2月播种草花种子并在温床或冷床（阳畦）内育苗。

2. 秋播

二年生草花大多为耐寒花卉，多在秋季播种。我国江南多在10月上旬至10月下旬播种；北方多在9月上旬至9月中旬播种。宿根花卉的播种期依耐寒力强弱而异。耐寒性宿根花卉一般春播秋播均可，也可在种子成熟后即播。一些要求在低温与湿润条件下完成休眠的种子，如芍药、鸢尾、飞燕草等必须秋播。不耐寒常绿宿根花卉宜春播或种子成熟后即播。

◎ 三、播种方法

（一）露地直播

1. 整地作床

播种前先要选择富含腐殖质的沙质壤土做播种床，对播种床进行整地作畦。播种床的土壤应深翻30cm，打碎土块，除去土中的残根、石砾等异物，杀死潜伏的害虫，同时施以腐熟而细碎的堆肥或厩肥做基肥（基肥的施用期最迟在播种前一周），再耙平畦面，做成的苗床土层深度为30cm，宽为1.0m，高为20cm，步道30~40cm，对一些不宜移植的直根系花卉，如虞美人、花菱草、香豌豆、羽扇豆、扫帚草、牵牛、茑萝等种子直接播到苗床内，以后只进行间苗，不再移植，以免损伤幼苗的主根。

2. 播种方式

根据花卉的种类及种子的大小，可采取撒播法、条播法、点播法三种方式。

（1）撒播法　即将种子均匀撒播于床面。此法适用于大量而细小的种类，出苗量大，占地面积小，但在除草时费劳力较多，而且因幼苗拥挤，容易发生病虫害。为了使撒播均匀，通常在种子内拌入3~5倍的细沙或细碎的泥土。撒播时，为使种子易与苗床表土密切接触，播前先对苗床灌水，然后再播。

（2）条播法　种子成条播种的方法。此法用于品种较多而种子数量较少的种类。条播管理方便，通风透光好，有利于幼苗生长。此法的缺点为出苗量不及撒播法。

（3）点播法　也称穴播，按照一定的行距和株距，进行开穴播种，一般每穴播种 2~4 粒。点播用于大粒种子播种。此法幼苗生长最为健壮，但出苗量最少。

3. 覆土及覆盖

覆土深度取决于种子大小，就一般标准来说，通常大粒种子覆土深度为种子厚度的 1~2 倍；细小粒种子以不见种子为宜，最好用 0.3cm 孔径的筛子筛过的土覆盖。覆土完毕后，在床面上覆盖芦帘或稻草，然后用细孔喷壶充分喷水，每日 1~2 次，保持土壤润湿。干旱季节，可在播种前灌水，待水分充分渗入土中再播种覆土。如此可保持土壤湿润时间较长，又可避免多次灌水导致的土面板结。

（二）室内育苗

花卉育苗多在温室或大棚内进行，因为环境条件容易控制。室内育苗又分苗床育苗、浅盆苗育和容器育苗。

1. 苗床育苗

在室内固定的温床或冷床上育苗是大规模生产的常用方法。通常采用等距离条播，利于通风透光及除草、施肥、苗间等管理，移栽起苗也方便。小粒种子也可撒播，操作时先做沟，播种后一般覆以种子直径 1~2 倍的细土，好光性种子不覆土。出苗前常覆膜或喷雾保湿。

2. 浅盆育苗

（1）苗盆准备　苗盆一般采用盆口较大的浅盆或浅木箱，浅盆深 10cm，直径 30cm，底部有 5~6 个排水孔，播种前要洗刷消毒后待用。

（2）盆土准备　苗盆底部的排水孔上盖瓦片，下层铺 2cm 厚粗粒河沙和细粒石子，以利排水，上层装入过筛消毒的播种培养土，颠实、刮平即可播种。

（3）播种　小粒、微粒种子掺土后撒播（如四季海棠、蒲包花、瓜叶菊、报春花等），大粒种子点播。然后用细筛视种子大小覆土，用木板轻轻压实。微粒种子覆土要薄，以不见种子为度。

（4）盆底浸水法　盆播给水采用盆底浸水法。将播种盆浸到水槽里，下面垫一倒置空盆，以通过苗盆的排水孔向上渗透水分，至盆面湿润后取出。浸盆后用塑料薄膜和玻璃覆盖盆口，置庇阴处，防止水分蒸发和阳光照射。夜间将塑料薄膜和玻璃掀开，使之通风透气，白天再盖好。

（5）管理　盆播种子出苗后立即掀去覆盖物，拿到通风处，逐步见阳光。可保持用盆底浸水法给水，当幼苗长出 1~2 片真叶时用细眼喷壶浇水，当幼苗长出 3~4 片叶时可分盆移栽。

3. 容器育苗

这是近代普遍采用的方法，有各类容器可供选用。容器搬动与灭菌方便，移栽时易带土。小容器单苗培育在移栽时可完全带土，不伤根，有利于早出优质产品。用一定规格的容器可配合机械化生产。在播种材料多、每种植物量小及进行育种材料的培育时，容器育苗不易产生错乱。

◎ 四、播种苗管理

播种苗管理主要是指露地直播苗的管理。播种后到出苗前后，应经常注意保持土壤的湿润状态，当稍有干燥现象时，应即用细孔喷壶喷水，不可使床土有过干或过湿的现象。播种初期可稍湿润一些，以供种子吸水，之后床土中的水分不可过多。在大雨期应覆盖塑料薄膜，以免雨水冲击土面。种子发芽出土后，应及时揭去覆盖物，使幼苗逐步见光，经过一段时间的锻炼后，才能完全暴露在阳光下。同时逐渐减少水分的补给，使幼苗根系向下生长、强大，使幼苗苗壮成长。光照不足会长成节间稀疏的细长弱苗，故间苗要及时。过密则分两次间苗，第二次间出的苗可加以利用。播种基质肥力低，苗期宜每周施一次极低浓度的完全肥料，总浓度以不超过 0.25% 为宜。移栽前后炼苗，在移栽前几天降低土壤温度，最好使温度比发芽温度低 3℃左右。

移栽期因植物而异，一般在幼苗具 2~4 片展开的真叶时进行，苗太小时操作不便，苗过大又伤根太多。大口径容器培育苗带土移栽，应考虑其他因素来确定移栽时期。阴天或雨后空气湿度高时移栽，成活率高。清晨或傍晚移苗最好，忌晴天中午移苗。

起苗前半天在苗床上浇一次透水，使幼苗吸足水分。移栽后常采用遮阴、喷水等措施保证幼苗不萎蔫，有利于幼苗成活及快速生长。

实训一 〉〉常见园林植物播种繁殖

一、实训目的
通过学习，了解常见花卉种子的形态特征、掌握花卉播种操作技术与要求。
二、实训器材
花卉种子若干、育苗盘若干，栽培基质若干等。
三、实训步骤
（1）以小组为单位观察花卉种子的形态特征。

（2）讲解每种花卉种子的生态习性和形态特点。

（3）每位学生选取10种种子进行描述。

（4）每组确定播种的品种及数量。

（5）配制播种基质。

（6）按照种子大小等条件确定播种方法。

（7）育苗盘播种，记录好播种品种、播种量、播种日期。

（8）浇透水，置于荫处发芽。

（9）每天记录出苗数。

（10）出苗后统计发芽率和发芽势，并及时将苗盆放于阳光处。

练习题＞＞

一、填空题

1.优良花卉种子的特性有：①_____；②_____；③_____。

2.无论什么种类的花卉种子，只有在_____、_____、_____、_____等外界条件适宜时才能顺利发芽。

3.种子吸水后，开始膨胀使种皮破裂，呼吸强度加大，其内部各种酶的活动也随之旺盛起来，储存在种子内部的_____、_____、_____等储藏物质即行分解、转化成可被吸收利用的营养物质。

4.花卉的播种方式有_____、_____、_____等几种。

二、判断题

1.一般花卉的播种时期分为春播和秋播。（　　）

2.种子量多而细小采用条播。（　　）

3.盆底浸水法是将播种盆浸到水槽里，下面垫一倒置空盆，以通过苗盆的排水孔向上渗透水分，至盆面湿润后取出的一种浇水方法。（　　）

4.大多数植物种子的生理成熟与形态成熟是同步的，形态成熟的种子已具备了良好的发芽力。（　　）

5.月季花用种子繁殖出来的苗叫作实生苗。（　　）

7.播种苗移栽选择在阴天或雨后空气湿度高时移栽。（　　）

8.种子储藏的原则最好是使种子没有新陈代谢。（　　）

三、问答题

一二年生盆花播种时播种的方法主要有哪些？如何进行播种操作？

项目二 〉〉常见园林植物扦插繁殖

学习目标

通过学习，掌握园林植物扦插繁殖的类型、扦插繁殖的操作技术、扦插注意事项以及扦插后的管理等。

学习重点与难点

学习重点：掌握园林植物扦插繁殖的类型、扦插繁殖的操作技术、扦插注意事项以及扦插后的管理。

学习难点：扦插繁殖的操作技术。

项目导入

扦插繁殖是利用植物营养器官具有的再生能力，能发生不定芽或不定根的习性，切取其茎、叶、根的一部分，插入土中、砂中或其他基质中，使之生根发芽，生长出新的完整植株的方法。这种方法培养植株比播种苗生长快，开花时间早，可在短时间内繁殖大量幼苗，并保持原种的特性。但这类幼苗无主根，寿命短。

一、扦插繁殖的类型

依插穗的器官来源不同，扦插繁殖可分为以下几种。

1.枝插

以带芽的茎作插条的繁殖方法称为茎插，是最为普遍的一种扦插方法。依枝条的木质化程度和生长状况又分为以下三种。

（1）硬枝扦插　以生长成熟的休眠枝作插条的繁殖方法，常用于木本花卉的扦插，许多落叶木本花卉，如芙蓉、紫薇、木槿、石榴、紫藤、银芽柳等均常用此法。插条一般在秋冬休眠期进行。

（2）半硬枝扦插　以生长季发育充实的带叶枝梢作为插条的扦插方法，常用于常绿或半常绿木本花卉，如米兰、栀子、杜鹃、月季花、海桐、黄杨、茉莉、山茶和桂花等。

（3）软枝扦插　在生长期用幼嫩的枝梢作为插穗的扦插方法，适用于某些常绿及落叶木本花卉和部分草本花卉。木本花卉如木兰属、蔷薇属、绣线菊属、火棘属、连翘属和夹竹桃等，草本花卉如菊花、天竺葵属、大丽菊、丝石竹、矮牵牛、香石竹、秋海棠等。

2. 芽叶插

芽叶插是以一叶一芽及芽下部带有一小片茎作为插穗的扦插方法。此法具有节约插穗、操作简单、单位面积产量高等优点，但成苗速度较慢，在菊花、杜鹃、玉树、天竺葵、山茶、百合及某些热带灌木上常用。

3. 叶插

叶插是用一片全叶或叶的一部分作为插穗的扦插方法，适用于叶易生根又能发芽的植物，常用于叶质肥厚多汁的花卉，如秋海棠、非洲紫罗兰、十二卷属、虎尾兰属、景天科的许多种，叶插极易成苗。

4. 根插

根插是用一段根作插穗的扦插方法。适用于带根芽的肉质根花卉。结合分株将粗壮的根剪成 5~10cm 的小段，全部埋入插床基质中或顶梢露出土面，注意上下方向不可颠倒。如牡丹、芍药等。某些小草本植物的根，可剪成 3~5cm 的小段，然后用撒播的方法撒于床面后覆土即可，如萱草、宿根福禄考等。

◎ 二、扦插成活原理

扦插繁殖的原理主要是基于植物营养器官具有的再生能力，可发生不定根和不定芽从而成为新植株。

当枝条脱离母体后，枝条内的形成层、次生韧皮部和髓部，都能形成不定根的原始体而发育成不定根。作根插条时，根的皮层薄壁细胞会长出不定芽进而长成独立的植株。

此外，植物的任何器官，甚至一个细胞，都具有极性，即形态学上的上端和下端具有不同的生理反应。一段枝条，无论按何种方位放置即使是倒置，它总是在原有的远轴端抽梢，近轴端生根。根插则在远轴端生根，近轴端产生不定芽。故在扦插过程中应注意这个问题。

◎ 三、影响插条生根的因素

1. 内在因素

（1）植物种类 不同植物间遗传性也反映在插条生根的难易上，不同科、属、种，甚至品种间都会存在差别，如仙人掌、景天科、杨柳科的植物普遍易扦插生根；木犀科的大多数植物易扦插生根，但流苏树则难生根；山茶属的种间反应不一，山茶、茶梅插条生根易，云南山茶插条生根难；菊花、月季花等品种间差异大。

（2）母体状况与采条部位 营养良好、生长正常的母株，其体内含丰富的可促进生根物质的基质，是插条生根的重要物质基础。不同营养器官的生根、出芽能力不同。试验表明，侧枝比主枝易生根，硬枝扦插时取自枝梢基部的插条生根较好，软枝扦插以顶梢作插条比下方部位的生根好，营养枝比结果枝更易生根，去掉花蕾比带花蕾者生根好，如杜鹃花。

2. 扦插的环境条件

（1）基质　理想的扦插基质是排水、通气良好，又能保温，不带病、虫、杂草及任何有害物质的基质。常用于扦插的基质主要有河沙、蛭石、珍珠岩、草木灰、砻糠灰等。

（2）水分与湿度　基质保持一定的含水量主要靠其成分，辅以适当的浇水、管理控制。插条生根前要保持较高的空气湿度，尤其是带叶的插条，短时间的萎蔫会使其延迟生根，干燥则使叶片凋枯或脱落，导致生根失败。

（3）温度　一般花卉插条生根的适宜温度，气温白天为18~27℃，夜间为15℃左右。土温应比气温高3℃左右。

（4）光照强度　一些花卉如大丽花、木槿属、锦带花属、荚蒾属、连翘属，在较低光照下生根较好，但一些草本花卉，如菊花、天竺葵及一品红，在适当的强光照下生根较好。

四、扦插繁殖技术

1. 扦插方法

（1）枝插　硬枝扦插的插条均在休眠期采取，一般选用一年生枝条，以长势中偏上者最好，枝的下端生长势最好，顶端较差。插条一般长10~20cm，最少含两个节。节间很长的茎段，基部切口应位于节的下方，上端切口应远离顶端的芽。节密芽多的种类，可按一定生长度剪截成等长的插条。插条的两端最好剪成不同的斜度以便区分。硬枝扦插还有割裂插、土球插和踵状插等方式(图2-1)。

常绿针叶植物多数生根很慢，需几个月甚至一年才能生根，扦插时应注意下列几点：插条在秋季或冬季采取，采后不能失水，应立即扦插；用高浓度生根剂处理；基质、环境及插条应消毒，保持清洁；生根前一直保持较高的空气湿度；地温宜高，以24~27℃为最好。针叶树中的花柏属、侧柏属、桧属、刺柏属、罗汉松属生根较快。

半硬枝扦插应在生长季节进行。采取插条的具体时间是关键，原则是应在母株两次旺盛生长期之间的间歇生长期进行插条，即最好在春梢完全停止生长而夏梢尚未萌动期间进行，也可一叶一芽。半硬枝扦插的插条必须带有足够的叶。

软枝扦插与半硬枝扦插相似，所采用的枝梢较为幼嫩，即在枝梢刚停止生长、内部尚未完全成熟时立即进行（图2-2）。生产上常在母株抽梢前将生长壮旺的枝条顶端短截，促使母株抽出多数侧枝作为插条。软枝扦插应注意插条的保湿，不能有片刻干燥。

草本植物的扦插都在生长季节中进行，一般选顶梢作插条，老化的茎生根差。

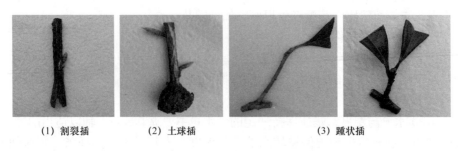

(1) 割裂插　　　　　(2) 土球插　　　　　　　(3) 踵状插

图 2-1　几种特殊的硬枝扦插法

图 2-2　软枝扦插

多浆植物及仙人掌类的插条含水分多，伤口遇水污染后最易腐烂，插条应先放于通风干燥处几天，使切口干燥愈合后再插入基质中。

（2）叶插　叶插均用生长成熟的叶，有以下几种不同的叶插方式。

整片叶扦插是常用的方法，适用于一些叶片肉质的花卉。许多景天科植物的叶肥厚，但无叶柄或叶柄很短，叶插时只需将叶平放于基质表面，而不埋入土中，不久即从基部生根出芽，如图 2-3 所示。落地生根属则从叶缘处生出许多幼苗。另一些花卉，如非洲紫罗兰、草胡椒属等，有较长的叶柄，叶插时需将叶带柄取下，将基部埋入基质中，生根出苗后还可以从苗上方将叶带柄剪下再度扦插成苗。

切段叶插用于叶窄而长的种类，如虎尾兰叶插时可将叶剪切成 7~10cm 的几段，再将基部约 1/2 长度的叶段插入基质中。蟹爪莲叶插如图 2-4 所示。为避免倒插，常在上端剪一缺口以便识别。网球花、风信子、葡萄水仙等球根花卉也可用叶片切段的方式进行繁殖，将成熟叶从鞘上方取下，剪成 2~3 段进行扦插，2~4 周后即会从基部长出小鳞茎和根。

刻伤与切块叶插常用于秋海棠属花卉上，如毛叶秋海棠，从叶片背面隔一定距离将一些粗大叶脉作切口，之后将叶正面向上平放于基质表面，不久便从切口上端生根出芽。具纤维根的种类则将叶切割成三角形的小块，每块必须带有一条大脉，叶片边缘脉细、叶薄部分不用，扦插时将大脉基部埋入基质中。

图 2-3　叶插法—平置法

图 2-4　蟹爪莲叶插繁殖

　　某些花卉,如菊花、天竺葵、玉树、印度榕等,叶插虽易生根,但不能分化出芽。有时生根的叶存活 1 年仍不出芽成苗。

　　(3)叶芽插　在生长季节选叶片已成熟、腋芽发育良好的枝条,削成带一芽一叶的枝条作插条,以带有少量木质部者为好,将其插入基质中,进行繁殖。见图 2-5。

图 2-5　叶芽插示意图

（4）根插　插条在春季活动生长前挖取，一般剪截成 10cm 左右的小段，粗根宜长，细根宜较短。扦插时可横埋土中或近轴端向上直埋。见图 2-6。

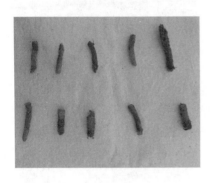

图 2-6　根插示意图

2. 插条处理方法

（1）生长调节剂　插条的生根处理都是在插条剪截后立即于基部进行的，浓度依植物种类、施用方法而异。一般而言，草本、幼茎和生根容易的种类用较低浓度，其他种类则用高浓度。施用方法分水剂和粉剂两种，都可以用化学产品配制，但一般用配制好的商品更为方便。

用水剂处理最大缺点的是易使病害随药液喷洒而相互感染，所以使用后剩余的药液不宜保存再用，因此浪费较大。近年来已普遍改用粉剂，方便经济，效果很好。粉剂是用滑石粉配成一定浓度，只需将插条的新切口在盛药粉的浅盘中蘸一下即可。生根剂使用过量，会抑制芽的萌发，严重过量时会使叶变黄脱落、茎部变黑而枯死。最佳剂量是不产生药害的最高剂量，需经过试验确定，适量情况下，插条表现出基部略膨大，产生愈伤组织，首先出现根。

（2）杀菌剂　插条的伤口用杀菌剂处理可以防止生根前受感染而腐烂，常用的杀菌剂为克菌丹和苯那明。克菌丹水剂使用浓度为 0.25%，粉剂使用浓度为 5%，与生根剂配合处理。用水剂生根处理的插条可先用水剂杀菌剂处理，或处理后再用粉剂杀菌剂处理，或将二者的水剂按用量混合使用。

最简便的方法是粉剂杀菌剂和粉剂生根剂混合使用。如用含 0.4% 生根剂的药粉按质量 1∶1 加入含水量 50% 的克菌丹可湿性粉剂中，配成含生根促进物 0.2%、克菌丹 25% 的混合剂。又如先将 50% 的苯那明可湿性粉剂与滑石粉按 1∶4 配成 10% 的苯那明粉剂，再用它和含 IBA0.4%+NAA0.4% 的生根粉按 1∶1 配合，即成含苯那明 50%、IBA0.2%、NAA0.2% 的混合粉剂。

其他促进生根的处理还有环割、割伤和黄化处理。木本植物，如杜鹃花、木槿、印度榕等在母株上将茎环割、绞缢或割伤，使伤口上方聚集更多的促进生根物质及养料，有助于扦插后生根，此方法对较老的枝条效果更好。黄化处理（etiolation）是将枝条正在生长的部位进行遮光，使其黄化后再作为插条，可提高生根力。

3. 扦插苗的管理

硬枝扦插的插条多粗大坚实，插条生根前要调节好温、热、光、水等条件，促使尽快生根，其中以保持高空气湿度不使其萎蔫最重要。落叶树的硬枝扦插不带叶片，茎已具有次生保护组织，故不易失水干枯，一般不需特殊管理。

根插的插条全部或几乎全部埋入土中，这样不易失水干燥，管理也较容易。多浆植物和仙人掌类的插条内含水分高，水分蒸腾少，因植物本身是旱生类型，所以保温比保湿更重要。带有叶的各类扦插，由于枝梢幼嫩，失水快，应相应地加强管理。少量的带叶插条可插于花盆或木箱中，上覆玻璃或薄膜，避免日光直射，经常注意通风与保湿，也可用一条宽约30cm的薄膜，长度按需而定，对折放于平台上，中间夹入苔藓作保湿材料。将处理好的插条基部逐一埋入苔藓后，从一端开始卷成一个圆柱体，然后直立放于冷凉湿润处，或放于花盆或其他容器内，上方加盖玻璃或薄膜保湿。生根后再分栽。

间歇喷雾法是使用最广泛最有效的方法。目前使用的方法是夜间停止喷雾，白天依气候变化做间歇喷雾，以保持叶面水膜存在为度。无间歇喷雾装置时，改用薄膜覆盖保湿，在不太热的气候条件下效果也很好。在强光与高温条件下应在上方遮阴，午间注意通风、喷水降温。

扦插苗在喷雾或覆盖下生根后，常较柔嫩，移栽于较干燥或较少保护的环境中，应逐渐减少喷雾至停喷，或逐渐去掉覆膜，并减少供水，加强通风与光照，使幼苗得到锻炼后再移栽。移栽过程最好带土，以防止伤根。不带土的苗，需放于阴凉处多喷水保湿，以防萎蔫。

对不同的扦插苗要分别对待。草本扦插苗生根后生长迅速，可当年出产品，故生根后要及时移栽。叶插苗初期生长缓慢，待苗长到一定大小时才宜移栽。软枝扦插和半硬枝扦插苗应根据扦插的迟早、生根的快慢及生长情况来确定移栽时间，一般在扦插苗不定根已长出足够的侧根、根群密集而又不太长时最好，也不应在新梢旺长时移栽。生根及生长快的种类可在当年休眠期前进行；扦插迟、生根晚及不耐寒的种类，如山茶、米兰、茉莉、扶桑等最好在苗床上越冬，次年再移栽。硬枝扦插的落叶树种生长快，1年即可成为商品苗，应在入冬落叶后的休眠期进行移栽。常绿针叶树生长慢，需在苗圃中培育2~3年，待长出较发达的根系后，在晚秋或早春时节带土移栽。

实训二〉〉常见园林植物扦插繁殖

一、实训目的

通过学习，掌握园林植物扦插繁殖的技术。

二、实训器材

园林植物若干，育苗盘或花盆若干，枝剪若干。

三、实训步骤

（1）配制栽培基质，配方可采用泥炭：椰糠：珍珠岩 =6：3：1，pH 5.5~6.5。

（2）根据实训材料，选择相关园林植物，或剪取一二年生充分木质化枝条，剪去叶片和叶柄进行硬枝扦插，或剪取未完全木质化的绿色嫩枝作为材料，或用草本花卉，仙人掌及多肉质植物进行嫩枝扦插；或剪取具有粗壮的叶柄、叶脉或肥厚叶片的多年生草花的叶片进行叶插，或在腋芽成熟饱满而尚未萌动前，将一片叶子连同茎部的表皮一起切下，一起再插入基质中进行叶芽插；或剪取具有粗壮根系、肥大肉质须根或直根系的植物根部进行根插。

（3）扦插时密度可以大一些。

（4）枝插注意生理上下端的方向。

（5）扦插后浇透水，置于阴处。

（6）为提高扦插成活率，应保持基质和空气中有较高的湿度。

（7）扦插苗生长过程中注意及时除萌或摘心。

（8）扦插成活后，为保证幼苗正常生长，应及时起苗移栽。

◎ 练习题〉〉

一、选择题

1.依插穗的器官来源不同，扦插繁殖可分为（　　　）。

A.枝（茎）插　　　B.叶插　　　　C.芽插　　　　D.根插

2.影响扦插成活的环境因素有（　　　）。

A.基质　　　　　B.水分与湿度　C.温度　　　　D.光照强度

3.枝（茎）插作为一种最常用的扦插方法，根据生长季节与取材的不同可分为（　　　）。

A.硬枝扦插　　　B.半硬枝扦插　C.软枝扦插

4.下列植物适合采用叶插繁殖的有（　　　）。

A.紫苏　　　　　B.虎尾兰　　　　C.非洲紫罗兰　D.大岩桐

5.下列植物适合采用根插繁殖的有（　　　）。

A.月季　　　　　　B.牡丹　　　　　　C.芍药　　　　　　D.天竺葵

6.目前常用的扦插基质主要有（　　　）。

A.河沙　　　　　　B.蛭石　　　　　　C.珍珠岩　　　　　D.泥炭土

7.下列植物在扦插时需要遮光条件的有（　　　）。

A.菊花　　　　　　B.天竺葵　　　　　C.一品红　　　　　D.大丽花

二、判断题

1.在枝（茎）插繁殖时，对于枝条的选择一般以多年生枝条为宜。（　　　）

2.扦插繁殖与播种繁殖相比更容易形成主根。（　　　）

3.扦插繁殖与嫁接繁殖都属于花卉无性繁殖的方法。（　　　）

4.扦插繁殖的原理主要是基于植物细胞具有全能性。（　　　）

5.一般花卉插条生根白天的适宜温度为 20~25℃，气温比土温高 3℃最佳。
（　　　）

6.在扦插时要注意扦插材料的生理上下端，插倒就不能生根。（　　　）

项目三 ＞＞ 常见园林植物嫁接繁殖

学习目标

通过学习，掌握常见园林植物嫁接繁殖的原理与方法，并能熟练地进行操作。

学习重点与难点

学习重点：园林植物嫁接繁殖的方法与技术。

学习难点：园林植物砧木与接穗的选择。

项目导入

嫁接繁殖是园林植物常见的无性繁殖方式，现代月季、桂花、芍药、仙人掌等园林植物的生产中大多采用嫁接繁殖，但进行繁殖时需掌握好嫁接时间、选择好砧木和接穗以及合适的嫁接方法，这样才能成功地完成园林植物的嫁接繁殖。本项目主要讲授嫁接繁殖的基本原理、常见的嫁接方法与技巧。

一、嫁接繁殖的定义与原理

1.定义

嫁接是将准备繁殖的具有优良性状的植物体营养器官，接在另一株有根植物的茎（或枝）、根上，使两者愈合生长，形成新的独立植株的方法。

2. 原理

当接穗嫁接到砧木上后，在砧木和接穗伤口的表面，由于死细胞的残留物形成一层褐色的薄膜，覆盖着伤口。随后在愈伤激素的刺激下，伤口周围细胞及形成层细胞旺盛分裂，并使褐色的薄膜破裂，形成愈伤组织。愈伤组织不断增加，接穗和砧木间的空隙被填满后，砧木和接穗愈合组织的薄壁细胞便互相连接，将两者的形成层连接起来。愈合组织不断分化，向内形成新的木质部，向外形成新的韧皮部，进而使导管和筛管也相互沟通，这样砧穗就结合为了统一体，形成一个新的植株。

二、影响嫁接繁殖成活的因素

1. 植物内在因素

（1）砧穗间的亲和力和亲缘关系　一般而言，砧穗间的属种关系越近，亲和力越强，成活的可能性越大。同一无性系间的嫁接都能成功，而且是亲和的。同种的不同品种或不同无性系间也总是成功的，但偶尔也有不亲和而失败的情况。同属的种间嫁接因属种而异，如柑橘属、苹果属、蔷薇属、李属、山茶属、杜鹃花属的属内种间常能成活。同科异属间在某些种属间也能成活，如仙人掌科的许多属间、柑橘亚科的各属间、茄科的一些属间、桂花与女贞属间、菊花与蒿属间都易嫁接成活。不同科之间尚无真正嫁接成功的例证。

（2）砧木与接穗的生长发育状态情况　生长健壮、营养良好的砧木与接穗中含有丰富的营养物质和激素，有助于细胞旺盛分裂，成活率高。接穗以一年生的充实枝梢最好。枝梢或芽正处于旺盛生长时期不宜作为接穗进行嫁接。

此外，植物维管束类型不同，嫁接成活率也不同。裸子植物和双子叶植物均具有环状排列的开放维管束，形成层能不断分生新细胞，砧穗间的维管系统也易于连通，故一般都能嫁接成活。而单子叶植物因具有散生的闭合维管束，细胞再生力弱，维管束系统更难贯通，故嫁接一般难以成活。

2. 环境因素

嫁接后初期的环境因素对成活的影响很大，主要因素有温度、湿度和氧气等。

（1）温度　温度对愈伤组织发育有显著的影响。在春季植物嫁接太晚，会因温度过高而失败，温度过低则愈伤组织发生较少。多数植物生长最适温度为12~32℃，也是嫁接适宜的温度。

（2）湿度　在嫁接愈合的过程中，保持嫁接口的高湿度是非常必要的。因为愈伤组织内的薄壁细胞壁薄而柔嫩，不耐干燥。过度干燥将会使接穗失水，切口细胞枯死。空气湿度在饱和相对湿度以下时，阻碍愈伤组织形成，湿度越高，细胞越不易干燥。嫁接中常用涂蜡或其他保湿材料，如泥炭、苔藓等包裹以提高湿度。

（3）氧气　细胞旺盛分裂时呼吸作用加强，故需要有充足的氧气。生产上常用透气保湿的聚乙烯膜包裹嫁接口和接穗，聚乙烯膜是较为方便、合适的材料。

3. 嫁接技术

嫁接的操作技术也常是成败的关键，嫁接操作应牢记"齐、平、快、紧、净"五字要领。

（1）齐　齐是指砧木与接穗的形成层必须对齐。

（2）平　平是指砧木与接穗的切面要平整光滑，最好一刀削成。

（3）紧　紧是指砧木与接穗的切面必须紧密地结合在一起。

（4）快　快是指操作的动作要迅速，尽量减少砧、穗切面失水，对含单宁较多的植物，可减少单宁被空气氧化的机会。

（5）净　净是指砧、穗切面保持清洁，不要被泥土污染。

嫁接刀具必须锋利，保证切削砧、穗时不撕皮和不破损木质部，又可提高工效。

◎ 三、砧木和接穗的选择

1. 砧木的选择

（1）砧木与接穗的亲和力要强。

（2）砧木要能适应当地的气候条件与土壤条件，本身要生长健壮、根系发达、具有较强的抗逆性。

（3）砧木繁殖方法要简便，使砧木易于成活，生长良好。砧木的规格要能够满足园林绿化对嫁接苗高度、粗度的要求。

（4）砧木的培育　砧木可通过播种、扦插等方法进行培育。生产中多以播种苗作砧木。

2. 接穗的准备

接穗的采集：选择品质优良纯正、观赏价值或经济价值高，生长健壮、无病虫害的壮年期的优良植株为采穗母本。

接穗的采取与嫁接方法和时期有关：如在生长时期芽接，接穗用当年生生长枝条，去叶，留叶柄，带 2~3 个芽，用湿纸巾包裹保湿，或用蜡封后在低温下保存。枝接时选取外围枝条，且在枝条的芽未萌发时剪取。

◎ 四、嫁接方法

根据砧木和接穗的来源性质不同可分为枝接、芽接、根接、靠接和插条接等多种。依嫁接口的部位不同又可分为根颈接、高接和桥接等几种。

1. 枝接

枝接是用一段完整的枝作接穗嫁接于带有根的砧木茎上的方法。常用的方法有以下几种。

（1）切接　操作简易，普遍用于各种植物，适于砧木较接穗粗的情况，根颈接、靠接、高接均可。先将砧木去顶并削平，自一侧的形成层处由上向下做一个长 3~5cm 的切口，使木质部、形成层及韧皮部均露出。接穗的一侧也削成同样等长的平面，另一侧基部削成短斜面。将接穗长面一侧的形成层对准砧木一侧的形成层，再扎紧密封。高接时可在一枝砧木上同时接 2~4 枝接穗，既增加成活率，也使大断面愈合更快，如图 2-7 所示。

（2）劈接　适于砧木粗大的情况或选择高接的嫁接方法时。砧木去顶，过中心或偏一侧劈开一个长 5~8cm 的切口。接穗长 8~10cm，

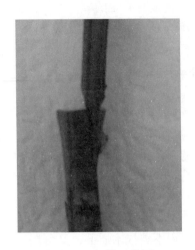

图 2-7　切接示意图

将基部两侧略带木质部削成长 4~6cm 的楔形斜面。将接穗外侧的形成层与砧木一侧的形成层相对插入砧木中。高接的粗大砧木在劈口的两侧宜均插上接穗。劈接应在砧木发芽前进行，旺盛生长的砧木韧皮部与木质部易分离，使操作不便，也不易愈合。劈接的缺点有：伤口大，愈合慢，切面难于完全吻合，如图 2-8 所示。

图 2-8　劈接示意图

（3）靠接　用于嫁接不易成活的花卉。靠接在温度适宜且花卉生长季节进行，在高温期最好。先将靠接的两株植株移置于一处，各选一个粗细相当的枝条，在靠近部位相对削去相等长的削面，削面要平整，深至近中部，使两枝条的削面形成层紧密结合，至少对准一侧形成层。然后用塑料膜带扎紧，待愈合成活后，将接穗自接口下方剪离母体，并截去砧木接口以上的部分，则成一株新苗，如用小叶女贞作砧木嫁接桂花、大叶榕树嫁接小叶榕树、代代嫁接香园或佛手等，如图 2-9 所示。

（4）舌接　适用于砧穗都较细且等粗的情况，根接时也常用。将砧穗二者均削成相同的约 26° 的斜面，吻合后再封扎，或再将切面纵切为两半，砧穗互相嵌合后再封扎，如图 2-10 所示。

图 2-9　靠接示意图

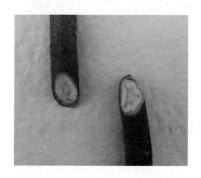

图 2-10　舌接示意图

2. 芽接

芽接与枝接的区别是芽接接穗为带一芽的茎片，或仅为一片不带木质部的树皮，或带有部分木质部的树皮。芽接接穗法常用于较细的砧木上。具有以下优点：接穗用量省；操作快速简便；嫁接适期长，可补接；接合口牢固等。此种方法应用广泛，如柑橘属、月季花均常用。芽接在生长季节进行，从春到秋均可。砧木不宜太细或太粗，接穗必须是经过一个生长季，已成熟饱满的侧芽，不能用已萌发的芽及尚在生长的嫩枝上的芽作接穗。根据砧木的切口和接穗是否带木质部有两类不同的芽接方法：盾形芽接和贴皮芽接。

（1）盾形芽接　是将接穗削成带有少量木质部的盾状芽片，再接于砧木的各式切口上的方法，适用树皮较薄或砧木较细的情况。根据砧木的切口不同常用的方法有 T 形芽接、倒 T 形芽接和嵌芽接。T 形芽接是最常用的方法。选接穗上的饱满芽，先在芽上方 0.5cm 处横切一刀，切透皮层，横切口长 0.8cm 左右，再在芽以下 1~1.2cm 处向上斜削一刀，由浅入深，深入本质部，并与芽上的横切口相交，然后抠取盾形芽片。第二步是在砧木距地面 5~6cm 处，选择一个光滑无分枝处横切 1 刀，深度以切断皮层达木质部为宜，再于横切口中间向下竖切一刀，长 1~1.5cm。第三步是用芽接刀尖将砧木皮层挑开，把芽片插入"T"形切口内，使芽片的横切口与砧木横切口对齐嵌实。最后用塑料条捆扎。先在芽上方扎紧一道，再在芽下方捆紧一道，然后连缠三四下，系活扣，注意露出叶柄。倒 T 形芽接的砧木切口为"⊥"形，故称为倒 T 形芽接，方法同上。嵌芽接是将砧木从上向下削开一条长约 3cm 的切口，然后将芽嵌入，称为嵌芽接。适用于砧木较细或树皮易剥离的情况，如图 2-11 所示。

图 2-11　T 形芽接示意图

（2）贴皮芽接　接穗为不带木质部的小片树皮，将其贴嵌在砧木去皮部位的方法。适用于树皮较厚或砧木太粗，不便于盾形芽接的情况，此种方法也适用于含单宁多和含乳汁的植物。在剥取接穗芽片时，要注意将内侧与芽相连处的维管组织保留在芽片上，使芽片与砧木贴合。贴皮芽接常用的方法有补皮芽接、I 形芽接和环形芽接几种。补皮芽接是先在砧木上取下一块长方形的树皮，再将从接穗上取下的相同形状与大小的树皮补贴于砧木去皮部位的方法。操作时可将两把刀刃按需要距离固定，一次可做出两条平行切口，即易于取得等形的接穗和砧木切口。I 形芽接的砧木切口是与接穗芽片等长的 I 形切口。操作时将 I 形切口两旁的树皮剥离，再将芽片嵌入，I 形芽接适于砧木树皮厚于接穗树皮的情况。环形芽接则是在砧木和接穗上取等高的一圈树皮，接穗的树皮与相对一方剖开，再套于砧木切口上，适于砧穗等粗的情况。

3. 髓心接

接穗和砧木以髓心愈合而形成一个新植株的嫁接方法。一般用于仙人掌类花卉。在温室内一年四季均可进行。

（1）仙人球嫁接　先将仙人球砧木上面切平，外缘削去一圈皮肉，平展露出仙人球的髓心。再将另一个仙人球基部也削成一个平面，然后将砧木和接穗平面切口对接在一起，中间髓心对齐，最后用细绳连盆一块绑扎固定，放半阴干燥处，1 周内不浇水。保持一定的空气湿度，防止伤口干燥。待成活拆去扎线，拆线后 1 周可移到阳光下进行正常管理。

（2）蟹爪莲嫁接　以仙人掌为砧木，蟹爪莲为接穗的髓心嫁接，如图 2-12 所示。将培养好的仙人掌上部平削去 1cm，露出髓心部分。蟹爪莲接穗要采集生长成熟、色泽鲜绿肥厚的 2~3 节分枝，在基部 1cm 处两侧都削去外皮，露出髓心。在肥厚的仙人掌切面的髓心左右切 1 刀，再将插穗插入砧木髓心挤紧，用仙人掌针刺将髓心穿透固定。髓心切口处用溶解蜡汁封平，避免水分进入切口。

图 2-12　髓心接示意图

1 周内不浇水。保持一定的空气湿度，当蟹爪莲嫁接成活后移到阳光下进行正常管理。

4. 根接

以根为砧木的嫁接方法。肉质根的花卉用此方法嫁接。牡丹根接，在秋天温室内进行。以牡丹枝为接穗，芍药根为砧木，按劈接的方法将两者嫁接成一株，嫁接处扎紧放入湿沙堆埋住，露出接穗接受光照，保持空气湿度，30d 成活后即可移栽。

五、嫁接后的管理

1. 挂牌

挂牌的目的是防止嫁接苗品种混杂，生产出品种纯正、规格高的优质壮苗。

2. 检查成活率

对于生长季的芽接植株，接后 7~15d 即可检查其成活率。

3. 解除绑缚物

生长季节接后需立即萌发的芽接和嫩枝接植株，结合检查成活率时要及时解除绑扎物，以免接穗发育受到抑制。

4. 剪砧

剪砧是指在嫁接育苗时，剪除接穗上方砧木部分的一项措施。

5. 抹芽和除蘖

剪砧后，由于砧木和接穗的差异，使砧木上萌发许多蘖芽，与接穗同时生长或者提前萌生。蘖芽会与接穗争夺并消耗大量的养分，不利于接穗的成活和生长。为了集中养分供给接穗生长，要及时抹除砧木上的萌芽和萌条。

6. 补接

嫁接失败后，应抓紧时间进行补接。

7. 立支柱

接穗在生长初期很细嫩，在春季风大的地方，为防止接口或接穗新梢风折和弯曲，应在新梢生长至 30~40cm 时立支柱。

8. 常规田间管理

当嫁接成活后，根据苗木生长状况及生长规律，应加强肥水管理，适时灌水、施肥、除草松土、防治病虫害，促进苗木生长。

实训三〉〉月季的嫁接繁殖

一、实训目的

通过学习月季的 T 形芽接繁殖技术，使学生掌握月季嫁接的适当时期、合适的砧木、接穗的选取、T 形芽接的具体操作以及嫁接后的管理技术。

二、实训材料与器材

（1）材料 月季盆花 40 盆，多花蔷薇若干。

（2）器材 修枝剪、芽接刀、枝接刀、盛穗容器、塑料绑扎条若干、石蜡等。

三、实训步骤

（1）剪穗 选接穗上的饱满芽，先在芽上方 0.5cm 处横切一刀，切透皮层，横切口长 0.8cm 左右，再在芽以下 1~1.2cm 处向上斜削一刀，由浅入深，深入本质部，并与芽上的横切口相交，然后抠取盾形芽片。

（2）剪砧 在砧木距地面 5~6cm 处，选一光滑无分枝处横切 1 刀，深度以切断皮层达木质部为宜，再于横切口中间向下竖切一刀，长 1~1.5cm。

（3）T 形芽接 用芽接刀尖将砧木皮层挑开，把芽片插入 T 形切口内，使芽片的横切口与砧木横切口对齐嵌实。最后用塑料条捆扎。

（4）绑扎 在芽上方扎紧一道，再在芽下方捆紧一道，然后连缠三四下，系活扣，注意露出叶柄。

（5）挂牌 在牌上写明嫁接的时间、砧木和接穗的种类。

四、课外事项

嫁接 2 周后检查成活率，成活的解除绑缚物，未成活的进行补接，并及时剪砧和肥水管理。

◎ 练习题〉〉

一、选择题

1.嫁接繁殖具有以下优点（ ）。

A.保持优良性状   B.增强品种抗性

C.提早开花结果   D.提高成活率

2.因砧木和接穗的取材不同，嫁接方式可分为（ ）。

A.根接   B.枝接   C.芽接   D.高接

3.嫁接时要尽可能保证砧木与接穗的（ ）形成较大接触面。

A.木质部　　　　B.髓心部　　　　C.形成层　　　　D.韧皮部

4.对于嫁接不易成活的常绿木本花卉，最好采用（　　　）。

A.切接　　　　B.劈接　　　　C.靠接

5.影响嫁接成活的内在因素有（　　　）。

A.砧穗间的亲缘关系　　　　B.砧穗间的亲和性

C.砧穗间的生长发育状态　　　　D.嫁接操作技术

6.嫁接技术中髓心接一般用于以下（　　　）花卉。

A.月季　　　　B.虎刺梅　　　　C.仙人掌　　　　D.蟹爪兰

二、判断题

1.菊花嫁接繁殖时一般选用蒿类植物作为砧木。（　　　）

2.花卉的嫁接最好在春季或秋季气温比较舒适的时候进行，一般以12~32℃为宜。（　　　）

3.为了提高嫁接成活率，要求选择不透水不透气的材料作为包扎材料。（　　　）

4.对于砧木和接穗间亲缘关系一般要求同一科或同一属，否则嫁接不可能成功。（　　　）

5.嫁接完成后要定期检查成活情况，如果没有成活应及时补接。（　　　）

○ 项目四 >> 常见园林植物分生繁殖

学习目标

通过学习常见园林植物分生繁殖，让学生熟悉分生条繁殖的主要原理及影响因素；掌握分生繁殖的操作技术。

学习重点与难点

学习重点：分生繁殖的基本育苗方法。

学习难点：分生繁殖技术。

项目导入

分生繁殖是园林植物常见的无性繁殖方式，宿根花卉、球根花卉和室内观叶植物等园林植物在生产中大多采用分生繁殖方法进行繁殖，但进行繁殖时需掌握好材料的选择、繁殖时间和时期以及合适的繁殖方法，这样才能成功地完成园林植物的分生繁殖。本项目主要讲授分生繁殖的基本知识、常见的繁殖方法与注意事项。

◎ 一、分生繁殖基本知识

（一）分生繁殖概述

分生繁殖是利用植物体的再生能力，把根（茎）蘖或丛生枝等营养器官从母株上分割下来，另行栽植培育，使之形成新植株的一种繁殖方法。该育苗方法具有简单易行、成活率高、成苗快、繁殖简便等优点，但繁殖系数低。在生产中主要用于丛生性强、萌蘖性强和能形成球根的宿根花卉、球根花卉以及部分花灌木，如菊花、八仙花、贴梗海棠、棣棠、郁李、玫瑰、绣线菊、紫荆等常采用分株繁殖方法。

（二）分生方法

依植物营养体的变异类型和来源不同分为分球繁殖、分株繁殖和利用特殊营养器官繁殖三种方式。

1. 分球繁殖

植株在地下能形成肥大的变态器官。根据器官的来源不同可分为块根类、根茎类、块茎类、球茎类、鳞茎类等。

（1）块根类 块根类分球繁殖是对于一些具有肥大的肉质块根的花卉，如大丽花、马蹄莲等所进行的分株繁殖。这类植物常在根颈的顶端长有许多新芽，分株时将块根挖出，抖掉泥土，稍晾干后，用刀将带芽的块根分割，每株留3~5个芽，分割后的切口可用草木灰或硫黄粉涂抹，以防病菌感染，然后栽植（如图2-13所示）。

（2）根茎类 对于美人蕉、鸢尾、荷花等有肥大地下茎的植物，分株时直接分割其地下茎即可成株。因其生长点在每块茎的顶部，分茎时每块都必须带有顶芽，这样才能长出新植株，分割的每株留2~4个芽即可（如图2-14所示）。

图2-13 大丽花块根繁殖

图2-14 荷花根茎繁殖

（3）球茎类 鸢尾科的一些花卉，如唐菖蒲、球根鸢尾、小苍兰等，在其母球旁能产生多个更新球和子球,可在茎叶枯黄之后,整株挖起,将新球从母株上分离,并按球茎的大小进行分级，大球种植后当年可开花，中球可在栽培后的第二年开花，小的子球需经过3年培育后才能开花。也可直接将老球茎分割为数块，注意每块上都要有芽，再另行栽植。生产上常用分栽小球的方法繁殖（如图2-15所示）。

（4）鳞茎类　鳞茎是由肉质的鳞叶、主芽和侧芽、鳞茎盘等部分组成的。母鳞茎发育中期以后，侧芽生长发育可形成多个新球。通常在植株茎叶枯黄以后将母株挖起，分离母株上的新球，适用于百合、郁金香、风信子、朱顶红、水仙、石蒜葱兰、红花酢浆草等（如图2-16、图2-17所示）。

（5）块茎类　块茎是由地下的根茎顶端膨大发育而成的，一个母株可产生多个新株，每个块茎从母株上分离，都能形成新株，适用于马蹄莲、彩色马蹄莲、花叶芋等（如图2-18所示）。块茎类植物不能自然分生块茎须人工分割。

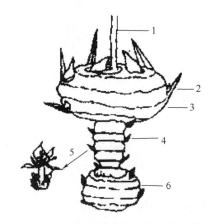

图 2-15　唐菖蒲新球和子球形成的模式

1—花茎　2—隐芽　3—新球　4—形成子球的腋芽

5—子球的形成　6—母球

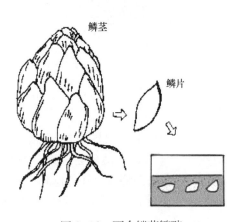

图 2-16　百合鳞茎繁殖

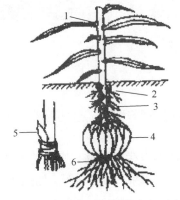

图 2-17　百合地下部及地上部形态

1—珠芽　2—侧鳞茎　3—茎出根　4—母球

5—新球　6—去除母球鳞片后的形态

图 2-18　花叶芋块茎繁殖

2. 分株繁殖

分株繁殖可分为以下两类。

（1）丛生及萌蘖类分株　不论是分离母株根际的萌蘖，还是将成株植物分劈成数株，分出的植株必须是具有根茎的完整植株。对于牡丹、蜡梅、玫瑰、中国兰花等丛生性和萌蘖性的园林植物，应挖起植株酌量分丛；而蔷薇、凌霄、金银花等，则应从母株旁分割出带根枝条即可（如图 2-19 所示）。

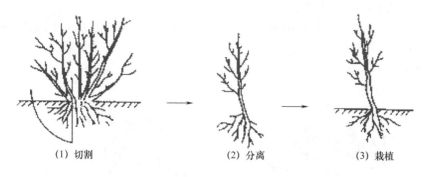

（1）切割　　　　　（2）分离　　　　　（3）栽植

图 2-19　丛生分株

（2）宿根类分株　对于宿根类草本植物，如鸢尾、玉簪、菊花、吊兰等，地栽 3~4 年后，株丛就会过大，需要分割株丛重新栽植。通常可在春、秋两季进行，分株时先将整个株丛挖起，抖掉泥土，在易于分开处用刀分割，分成数丛，每丛 3~5 个芽，以利分栽后能迅速形成丰满株丛（如图 2-20 所示）。

图 2-20　吊兰分株繁殖

3. 其他形式分生繁殖

一些园林植物，生长过程中会产生某些特殊的营养器官，这些营养器官与母株分离后另行栽植，可形成独立的植株。

（1）吸芽　某些植物根基或地上茎叶腋间自然发生的短缩、肥厚的短枝，下部可自然生根。可分离另行栽植，如芦荟、景天、凤梨、燕子掌等（如图 2-21 所示）。

（2）珠芽　生于叶腋间的一种特殊形式的芽。脱离母体后栽植可生根，形成新的植株，如卷丹（如图 2-22 所示）。

图 2-21 宝石花、燕子掌吸芽繁殖

图 2-22 卷丹珠芽繁殖

（3）走茎或匍匐茎 走茎为叶丛抽生出来节间较长的茎，节上着生叶、花和不定根，能产生小植株，分离后另行栽植即可获得新的植株，如虎耳草、吊兰等（如图 2-23 所示）。

图 2-23 吊兰的走茎繁殖

（三）分株时期

分株时期主要春、秋两季。此法多用于花灌木的繁殖，要考虑到分株对开花的影响。一般春季开花植物宜在秋季落叶后进行分株，秋季开花植物应在春季萌芽前进行分株。大丽菊、美人蕉、丁香、蜡梅、迎春等应在春季分株，芍药分株宜在 9 月中下旬至 10 月上中旬。

二、分株繁殖注意事项

分株育苗一般在移栽时进行，在分株过程中，根蘖苗一定要有较完好的根系，茎蘖苗除要有较好的根系外，地上部分还应有 1~3 个基干，这样有利于幼苗的生长。分垛时期一般均在春、秋两季。春天在发芽前进行，秋季在落叶后进行。

一般夏秋开花的在早春萌芽前进行，春天开花的在秋季落叶后进行，这样在分株后植株有一定时间给予根系愈合，以长出新根。这种分株时间的选取有利于植株的生长且不影响开花。

实训四〉〉吊兰的分株繁殖

一、实训目的

通过学习吊兰的分株繁殖技术，使学生掌握吊兰分株的适当时期、分株的具体操作以及分株后的管理技术。

二、实训材料与器材

（1）材料 生长健壮的吊兰40盆。

（2）器材 剪刀、刀片、500倍的多菌灵消毒液、花盆。

三、实训步骤

（1）时期的选择 选择在植物生长缓慢时期进行分株。

（2）脱盆 双手拍盆的两侧，使盆土松散，然后将盆倒翻，从盆底的孔中用拇指将吊兰植株顶出来。

（3）分株 摔掉根系的泥土，按照根的自然伸展间隔，顺势从缝隙中用手分开或利刀切开，每株只能分2~3株，不宜过多，分开的根与枝的多少要相称得当，使整个植株保持平衡均匀。

（4）修剪与消毒植株分开后修剪根系，并除去烂根，在切口涂消毒液。

（5）定植上盆后浇透水，并放在阴凉处。

（6）打扫卫生。

四、课外事项

分株2周后检查吊兰的成活率和生长势。

◎ **练习题〉〉**

一、选择题

1.花卉分株繁殖分为（　　　）。

A.丛生及萌蘖类分株　　　　　　B.宿根类分株

C.块根类分株　　　　　　　　　D.块茎类分株

2.下列适合秋季分株繁殖的花卉有（　　　）。

A.芍药　　　　　B.菊花　　　　C.萱草　　　　D.鸢尾

3.分株繁殖的优点有（　　　）。

A.遗传性状稳定　B.方法简单　　C.易于成活　　D.成苗快

4.以下属于丛生及萌蘖类分株繁殖的有（　　　）。

A.蔷薇　　　　　　B.金银花　　　C.菊花　　　　　D.凌霄

5.以下属于宿根类分株繁殖的有（　　　）。

A.鸢尾　　　　　　B.玫瑰　　　　C.玉簪　　　　　D.菊花

6.以下属于块根类分株繁殖的有（　　　）。

A.美人蕉　　　　　B.荷花　　　　C.大丽花　　　　D.马蹄莲

二、判断题

1.木本花卉通常在早春萌动前分株，而一些肉质根的花卉通常在秋季分株。
（　　　）

2.对于春季萌芽早、苗期生长快、现蕾开花早的花卉种类适于在秋季分株。
（　　　）

3.百合常用小鳞茎和珠芽繁殖，也可用鳞片叶繁殖，这些方法都属于分株繁殖。（　　　）

项目五 〉〉 常见园林植物压条繁殖

学习目标

通过学习常见园林植物压条繁殖，让学生熟悉压条繁殖的主要原理及影响因素；掌握压条繁殖的操作技术。

学习重点与难点

学习重点：压条繁殖的基本方法。

学习难点：压条繁殖技术。

项目导入

压条繁殖是园林植物木本花卉在生产中常采用的繁殖方式，但进行繁殖时需掌握好材料的选择、繁殖时间和时期以及合适的繁殖方法，这样才能成功地完成园林植物的压条繁殖。本项目主要讲授压条繁殖的基本知识、繁殖方法与注意事项。

一、压条繁殖基本知识

（一）压条繁殖概述

压条繁殖是无性繁殖的一种，是将母株上的枝条或茎蔓埋在压土中，或在树上将欲压条部分的枝条基部经适当处理后包埋于生根介质中，使之生根再从母株上割离而成为独立、完整的新植株的繁殖方式。

压条繁殖与扦插繁殖一样，是利用植物器官的再生能力来繁殖的，实际上是一种枝条不切离母体的扦插方法，多用于一些扦插难以生根的花卉，或一些根蘖较多的木本花卉，如玉兰、蔷薇、桂花、樱桃、龙眼等。因为新植株在生根前，其养分、水分和激素等均可由母株提供，且新梢埋入土中又有黄化作用，故较易生根。一般露地草花很少采用这种繁殖方法，仅一些木本花卉在扦插繁殖困难时或想在短期内获取较大子株时采用的此种繁殖方法。

压条繁殖是无性繁殖中最简便、最可靠的方法，既能使植株成活率高、成苗快，又能够保持母本优良特性。其缺点是由于枝条来源有限，所得苗木数量有限，不适于大量繁殖苗木；繁殖系数低。

（二）压条时期

压条时期根据压条方法不同而不同。

1. 休眠期

压条在秋季落叶后或早春发芽前进行，利用 1~2 年生的成熟枝在休眠期进行压条，多为普通压条法。

2. 生长期

压条在生长季中进行，一般在雨季（华北为 7~8 月，华中为春、秋多雨时）进行，用当年生的枝条压条。在生长期进行的压条多用堆土压条法和空中压条法。

常绿树压条繁殖应在雨季进行，落叶树应在冬季休眠末期至早春芽子萌动前压条。

（三）压条方法

压条繁殖可分为低压法和高压法（高空压条法）。

1. 低压法

低压法根据压条的状态可分为普通压条法、波状压条、水平压条（开沟压条）和培土（堆土）压条法四大类（如图 2-24 所示）。

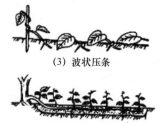

(1) 普通压条　　　　(2) 堆土压条　　　(3) 波状压条　　(4) 水平压条

图 2-24　低压法的各种类型

（1）普通压条　适用于枝条离地面近且枝条容易弯曲的植物种类。选择靠近地面而向外开展的1~2年生枝条，选其一部分压入土中，深8~20cm为宜。挖穴时，离母株近的一面挖斜面，另一面成垂直。压条前先对枝条进行刻伤或环剥处理，以刺激生根。再将枝条弯入土中，使枝条梢端向上。为防止枝条弹出，可在枝条下弯部分插入小木叉固定，再盖土压紧，生根后切割分离（如图2-25、图2-26所示）。绝大多数花灌木都可采用此法。

图2-25　普通压条法

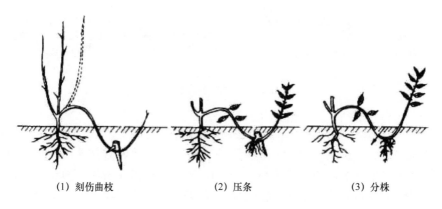

(1) 刻伤曲枝　　　　　　　(2) 压条　　　　　　　(3) 分株

图2-26　普通压条步骤

（2）波状压条　适用于地锦、常春藤等枝条较长而柔软的蔓性植物。压条时将枝条呈波浪状压埋土中，待地上部分发出新枝，地下部分生根后，再切断相连的波状枝，形成各自独立的新植株（如图2-27、图2-28所示）。

图2-27　波状压条　　　　　　图2-28　茉莉花波状压条繁殖

（3）水平压条（开沟压条）　适用于紫藤、连翘等藤本和蔓性园林植物。

压条时选生长健壮的1~2年枝条，开沟将整个长枝条埋入沟内，并用木钩固定。被埋枝条每个芽节生根发芽后，将两株之间地下相连部分切断，使之各自形成独立的新植株（如图2-29所示）。

　　水平压条在母株定植当年即可用来繁殖，且初期繁殖系数较高，但须用枝权，比较费工。

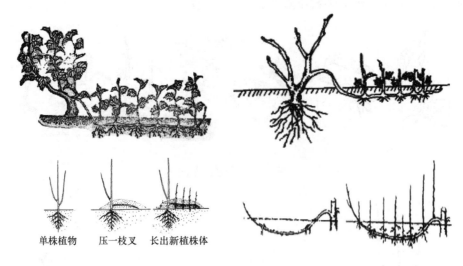

单株植物　　压一枝叉　　长出新植株体

图2-29　水平压条法

　　（4）堆土压条　主要用于萌蘖性强和丛生性的花灌木，如贴梗海棠、玫瑰、黄刺玫等。方法是首先在早春对母株进行重剪，可从地际处抹头，以促进其萌发多数分枝。在夏季生长季节（高为30~40cm）对枝条基部进行刻伤，随即堆土，第二年早春将母株挖出，剪取已生根的压条枝，并进行栽植培养（如图2-30所示）。

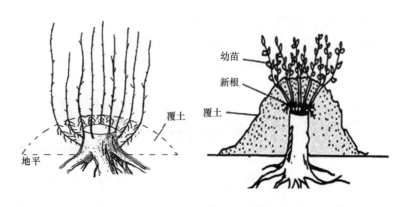

图2-30　堆土压条法

2. 高空压条法

　　高空压条法主要适用于木质坚硬、枝条不易弯曲或树冠高、枝条无法压到地面的树种，如含笑、米兰、月季、榕树、红花紫荆、葡萄等。空中压条以春季和雨季为好，应选择在 3 月至 4 月内进行，选取直立健壮、角度小的 2 至 3 年生枝条。压条的数量一般不超过母株枝条的 1/2。压条方法是在距离被压枝条基部 5~6cm 的地方进行环剥，宽度视枝条粗度而定，花灌木在节下环状剥去 1~1.5cm 宽皮层，乔木一般剥去 3~5cm 宽，深度达木质部，剥皮应干净，环剥后用 5000mg/L 的吲哚丁酸或萘乙酸涂抹伤口，包套上塑料袋、竹筒、瓦盆等，内部装入基质，经常保持基质湿润，待其生根后切离，然后置于庇阴处保湿催根，一周后长出更多新根，即可假植或定植，成为新植株（如图 2-31 所示）。

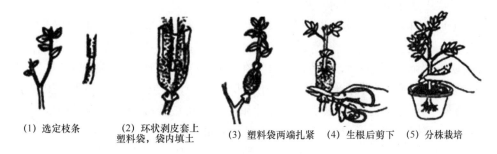

(1) 选定枝条　　(2) 环状剥皮套上　　　　(3) 塑料袋两端扎紧　(4) 生根后剪下　(5) 分株栽培
　　　　　　　　　塑料袋，袋内填土

图 2-31　高空压条步骤

　　高空压条法对某些植物非常理想，例如花叶万年青、龙血树和榕树类。由于这些植物会长出厚厚的木质茎，茎段扦插效果不好。这种技术对于生长较差的细长形植物或多数叶片脱落的成熟植株特别好。如图 2-32 所示，龙血树的高空压条法。

图 2-32　龙血树的高空压条法

（四）影响压条生根因子和促进压条生根的条件

1. 压条生根原理

　　压条前一般在芽或枝的下方发根部位进行创伤处理后将处理部位埋压于基质中，这种前处理如环剥、绞缢、环割等。将顶部叶片和枝端生长枝合成的有机物质和生长素等向下输送的通道切断，使这些物质积累在处理口上端，形成一个相对高浓度区。因其木质部又与母株相连，所以可继续得到源源不断的水分和矿物质营养的供给。再加上埋压造成的黄化处理，使切口处像扦插生根一样，产生不定根。

植物在压条过程中，枝条不与母体分离，并借助母体供给水分、养分，促进植物生根。同时对压条部位的处理，使上部光合作用的产物运行受阻，而积累于处理点上，故容易生根，生根后将根切离母株，另外移栽。此方法成活率较高。

2.压条生根的处理

为了促进植株生根，压条前一般都要对枝条进行处理，一般有机械处理、黄化或软化处理及激素处理三种。

（1）机械处理　具体做法是在与生根介质接触部位进行环剥、绞缢、环割等。一般环剥是在枝条节、芽的下部剥去2cm左右的枝皮，环剥应深达木质部，截断韧皮部筛管通道；绞缢是用金属丝在枝条约节下面环缢；环割则是环状割1~3周，以上都深达木质部，并节断韧皮部筛管通道，使营养和生长素积累在切口上部。通过上述处理可以使顶部叶片和枝端生长枝合成的有机物质和生长素积累在处理口上端，形成一个相对高浓度区（如图2-33所示）。另外还可以用

图2-33　月季压条前环剥

吲哚丁酸（IBA）或萘乙酸（NAA）等生长素对压条进行处理，促使其生根。用50%酒精液溶解激素粉剂，然后稀释成500mg/kg的溶液，涂抹在压条包裹处。

（2）黄化或软化处理　用黑布、黑纸包裹或培上包埋枝条使其软化或黄化，以利根原体突破厚壁组织。英国车茂林试验站将砧木苗以30°~45°进行斜栽，在早春发芽前将砧木地上部分压伏在地面，上覆土2~3cm，使新梢在土中萌生，由于覆土遮断日光、新梢黄化，待新梢长至2~3cm、尖端露出地面前，再加土覆盖。如此管理，待新梢长至4~6cm时至秋季黄化部分能生长出相当数量的根，将它们从母株切开就可供嫁接使用了。

（3）激素处理　和扦插一样，IBA、IAA、NAA等生长素处理能促进压条生根，但是因枝条连接母株，所以不能用浸渍方法，只宜用涂抹法进行处理。为了便于涂抹，可用粉剂或羊毛脂膏来配制药液，或用50%酒精液配制药液，涂抹后因酒精立即蒸发、生长素会就留在涂抹处。尤其在空中压条过程中，生

长素处理对促进植物生根效果很好。枇杷用 250mg/kg 的 IBA 羊毛脂剂涂抹于压条枝表面可以增加其生根（Singh、Cough，1960）。人心果在高空压条繁殖时用 IBA 和 NAA 的 1000mg/kg 羊毛脂混合剂处理效果最好，并可缩短生根所需时间（Singh，1967）。木菠萝、蒲桃、番石榴、长山核桃、枣等在高空压条时，于环剥后立即或 3d 后在剥除皮处涂上 5000mg/kg IBA 的 50% 酒精溶液，效果良好。栗的堆土压条试验中，将休眠的 3 年生欧洲栗植株截短后，在基部进行环状剥皮，用 250mg/kg IBA 处理可获得高达 90% 的生根率。

3. 促进压条生根的条件

为了保证压条能够更好地生根，压条后应保持土壤的合理湿度，调解土壤的通气度和温度，适时灌水及除草。良好的生根基质，必须能保持不断地水分供应和良好的通气条件。尤其是开始生根阶段，长期土壤干燥使土壤板结和黏重会阻碍根的发育。如轻松土壤和锯屑的混合物、泥炭、苔藓等都是理想的生根基质。如将细碎的泥炭、苔藓混入在堆土压条的苹果砧或榅桲砧的土壤中可以促进植株生根。

为了提高压苗的成活率，要掌握好以下几个要点。

（1）选高压枝条时，一定要选健壮、中熟不老化、饱满且角度小的枝条；太老或太嫩的枝条都不容易成活。

（2）进行环割处理时，敷包生根基质要紧结，大小要适中。

（3）薄膜包扎时间要掌握好，包扎过早或泥土发软均不易操作；过久，泥土失水，不利生根。

（4）高压生根后，分离母株的时间以秋季较可靠，移栽易成活。

（5）割伤处理要适当，最好切断韧皮部和形成层而不伤到木质部。如切割不够彻底，伤口容易自动愈合而不发根。相反，切割过度伤割到木质部会导致枝枯或断裂。

（6）保证伤口清洁无菌。割伤处理使用的器具要清洁消毒，避免细菌感染伤口而腐烂。

（7）注意一般不宜在树液流动旺盛期进行，以免影响伤口愈合，对生根不利。

二、压条技术规程

（1）植株的选择。

（2）压条工具的准备　压条繁殖所用工具并不复杂，不过事先准备齐全对做好压条繁殖十分有帮助。压条繁殖的方法有三种，每种繁殖方法需要的工具有一定差异，分别介绍如下。

①普通压条繁殖的工具有：挖起苗用的铲锹，修剪枝条用的枝剪，切割用的小刀，绑扎用的铁线，截干用的手锯。

②高压繁殖的工具有：截取枝条用的枝剪，切割用的小刀，用于包扎伤口的水苔和透明薄膜，绑扎用的胶带。

（3）压条繁殖前的处理　为了促进生根，压条前一般都要对枝条与生根介质接触部位进行环剥、绞缢、环割等。处理后用生长素对压条进行处理，促使其生根，并用50%酒精液溶解激素粉剂稀释后涂抹在压条包裹处。

（4）压条。

（5）压条后的管理　压条后应保持土壤的合理湿度，调解土壤通气和适宜的温度，适时灌水，及时中耕除草。检查埋入土中的压条是否露出地面，露出部分要重压，枝条太长者可剪去部分顶梢。

压条生根后要有良好的根群才可分割。压条后要经常检查土壤含水量，适时浇水，保持压条土壤湿润。压条时先进行环剥或刻伤等处理，然后用疏松、肥沃土壤或苔藓、蛭石等湿润物敷于枝条上，外面用塑料袋或对开的竹筒等扎好。注意保持袋内土壤湿度，适时浇水，待生根成活后剪下定植。

◎ 三、压条注意事项

压条繁殖的管理较简单，主要是注意保持土壤的湿度，要经常检查压入土中的枝条是否压稳了，有无露出地面，发现有露出地面的要及时重压，如果情况良好尽量不要触动，以免影响植株生根。

值得注意的是，一般春压枝条需3~4个月的生根时间，待秋凉后才分割移栽。最初分割的新植株要及时栽植，栽后要注意浇水、遮阴，并提供其良好的环境条件，维持适当的湿度和温度。一般温度为22~28℃，相对空气湿度8%，温度太高，介质易干燥，长出的不定根会萎缩，温度太低又会抑制其发根。

实训五 〉〉 龙血树的压条繁殖

一、实训目的

通过学习龙血树的压条繁殖技术，使学生掌握压条的适当时期、具体操作以及管理技术。

二、实训材料与器材

（1）材料　生长健壮的龙血树 40 盆、苔藓若干。

（2）器材　剪刀、刀片、500 倍的多菌灵消毒液、花盆。

三、实训步骤

（1）时期选择　在天气转暖时进行压条繁殖。

（2）材料选择　选择生长健壮的植株进行压条繁殖。

（3）压条材料的准备　枝剪、小刀、水苔、透明薄膜和胶带。

（4）压条　选择想要的树干高度，用锋利的刀在其两边划刻，通常刚好在剩余叶片的下方，或在茎的两边割一个口子，用薄薄的木片或木质火柴棍塞住，不让伤口愈合。

（5）固定　在潮湿的苔藓上，洒一些生根激素，将苔藓放在两个切痕的周围，用一片干净的薄膜将其固定。

（6）密封　在顶端和末端用绳子固定薄膜，尽可能密封，保持湿润。

（7）生根　一旦苔藓上长出新根（可透过薄膜观察），从新根下方将植物的顶部切下，一个新的植株就诞生了。

（8）打扫卫生。

四、课外事项

分株 2 周后检查龙血树的成活率和生长势。

◎ 练习题 >>

一、选择题

1. 环割就是将植株的（　　　）部切断，从而阻断有机物质的运输。

A. 木质　　　　　B. 韧皮　　　　　C. 筛管　　　　　D. 导管

2. 生产上对果树进行环割常见的有（　　　）等方法。

A. 闭口环割　　　B. 分段环割　　　C. 螺旋环割　　　D. 铁丝环扎

3. 促进压条生根的条件有（　　　）

A. 土壤的合理湿度　　　　　　　　B. 调解土壤通气

C. 适宜的温度　　　　　　　　　　D. 适时灌水及除草

4. 适合采用高空压条法进行繁殖的植物有（　　　）

A. 含笑　　　　　B. 米兰　　　　　C. 月季　　　　　D. 贴梗海棠

5. 适合采用波状压条法进行繁殖的植物有（　　　）

A. 含笑　　　　　B. 地锦　　　　　C. 月季　　　　　D. 常春藤

二、判断题

1. 普通压条多在植物生长旺盛时期进行。（　　　）

2. 压条后只要植株上出现根系就可以剪下进行栽植。（　　　）

3.堆土压条适合于萌蘖性强和丛生性的花灌木的繁殖。（　　　）

4.一般春压枝条须经过3~4个月的生根时间,待秋凉后才分割移栽。（　　　）

5.压条前在芽或枝的下方发根部位进行环剥、绞缢、环割等创伤处理有助于植株生根。（　　　）

项目一 〉〉波尔多液的配制与使用

学习目标

通过学习波尔多液的配制与使用，了解波尔多液的成分、杀菌原理；了解生产上常用的波尔多液类型：波尔多液生石灰等量式（硫酸铜∶生石灰 =1∶1）、倍量式（1∶2）和半量式（1∶0.5）；掌握波尔多液配制的用量计算、称量、配制、质量检查及使用技术，了解波尔多液配制和使用过程中应注意的事项。

学习重点与难点

学习重点：波尔多液配制的用量计算及配制。

学习难点：不同浓度不同类型波尔多液配制的用量计算。

项目导入

波尔多液是用硫酸铜与生石灰配制而成的天蓝色药液，是一种保护性杀菌剂，其有效成分为碱式硫酸铜，可有效地阻止孢子发芽，防止病菌侵染，并能促使叶色浓绿、生长健壮，提高植物抗病能力。该制剂具有杀菌谱广、持效期长、病菌不会产生抗性、对人和畜低毒等特点，长期以来被广泛应用于园林、花卉、果树、蔬菜病害的防治上，对霜霉病、炭疽病和晚疫病等叶部病害效果尤佳，是应用历史最长的一种杀菌剂。

一、用量计算

配制 1% 等量式波尔多液 1000mL，计算硫酸铜、生石灰和水的用量。

二、配制方法

1.两液对等配制法（两液法）

先把配药的总用水量平均分为2份，分别盛于两个烧杯中，将称量好的硫酸铜倒入其中一份水中待其慢慢溶解，如硫酸铜含有大块结晶，事先必须研碎，以加快溶解速度；另一份水用来调配石灰乳液，先用少许水把石灰搅成浆状，然后加入剩余的水搅匀即成石灰乳液，如果石灰乳液含有粗沙石，必须用纱布过滤。最后将两液同时缓慢倒入第三容器中，边倒边搅即成，这种方法的缺点是需要三个容器，操作较复杂（如图3-1所示）。

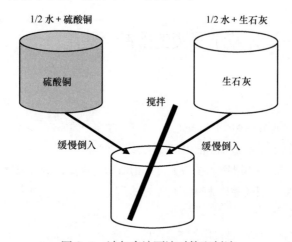

图3-1 波尔多液两液对等配制法

2.稀硫酸铜液注入浓石灰乳配制法（稀铜浓灰法）

用90%的水溶解硫酸铜、10%的水溶解生石灰（搅拌成石灰乳），致两液温度相一致而不高于室温时，分别过滤除渣，然后将稀硫酸铜溶液缓慢注入浓石灰乳中（如喷入石灰乳中效果更好），并不断搅拌，至药液呈天蓝色即可，绝不能将石灰乳倒入硫酸铜溶液中，否则会产生大量沉淀，降低药效，造成药害（如图3-2所示）。

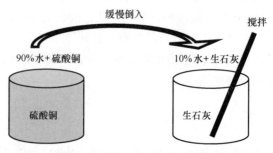

图3-2 波尔多液稀铜浓灰配制法

三、质量检查

1. 物态观察
观察波尔多液颜色和物态，如呈天蓝色胶状乳状液为好。

2. pH 检测
用 pH 试纸检测，如黄色试纸慢慢变为蓝色表明波尔多液呈碱性为好。

3. 铁丝反应
用磨亮的铁丝插入波尔多液片刻，观察铁丝上有无镀铜现象，以不产生镀铜现象为好。

4. 滤液吹气
将波尔多液过滤后，取其滤液少许置于载玻片上，对液面轻吹约 1min，液面产生薄膜为好。

四、使用技术

将配制好的波尔多液倒入喷雾器中，选择一块园林绿地，进行喷雾操作。喷雾要求达到叶片正反两面均匀受药，没有药液下滴为宜。

五、注意事项

（1）波尔多液要现配现用，当天配的药液宜当天用完，不能稀释。

（2）配制波尔多液不宜用金属器具，尤其不能用铁器，以防发生化学反应降低药效。

（3）喷施波尔多液应避开高温、高湿天气。

（4）波尔多液呈碱性，不能与石硫合剂或碱性条件下易分解的农药混用；波尔多液与杀菌剂、杀虫剂分别使用时必须间隔 10~15d。

（5）植物品种、生长阶段的不同，对波尔多液的敏感性不同，应选择合适类型、合适浓度的波尔多液。

实训一 >> 波尔多液的配制与使用

一、实训目的
通过学习波尔多液的配制与使用，了解波尔多液的成分、杀菌原理；了解生产上常用的波尔多液类型：波尔多液生石灰等量式（硫酸铜∶生石

灰 =1:1）、倍量式（1:2）和半量式（1:0.5）；掌握波尔多液配制的用量计算、称量、配制、质量检查及使用技术，了解波尔多液配制和使用过程中应注意的事项。

二、实训器材

（1）材料　硫酸铜、生石灰、水。

（2）器材　烧杯 3 个、量筒、天平、玻棒、研钵、喷雾器、pH 试纸等。

三、实验步骤

1.用量计算

配制 1% 等量式波尔多液 1000mL，计算硫酸铜、生石灰和水的用量。

2.配制方法

用两液对等配制法（两液法）进行配制。

3.质量检查

用四种不同的检查方式对波尔多液的质量进行检查。

4.使用技术

将配制好的波尔多液倒入喷雾器中，选择一块园林绿地，进行喷雾操作。喷雾要求达到叶片正反两面均匀受药，没有药液下滴为宜。

◎ 练习题 > >

一、判断题

1.波尔多液与石硫合剂混合使用，防治病害有更好的效果。（　　　）

2.优良的波尔多液应为天蓝色胶状乳状液。（　　　）

二、计算题

配制 1% 的倍量式波尔多液 500mL，需硫酸铜、生石灰和水各多少？

◎ 项目二 > > 常见虫害识别与防治

学习目标

　　通过学习常见园林植物虫害的知识，了解常见园林植物害虫的危害，掌握常见园林植物害虫的识别特征和发生规律，着重掌握常见园林植物害虫的防治措施。

学习重点与难点

　　学习重点：常见园林植物害虫的识别特征、发生规律和防治措施。

　　学习难点：常见园林植物虫害的防治措施。

项目导入

园林绿化是城市现代化的重要组成部分，园林植物不仅绿化和美化了环境，也为人们创造了优美的生活环境、净化空气、降低噪声。但这些植物在生长发育过程中往往会受到自然灾害的袭击、害虫的危害，造成植物受损、生长发育不良甚至死亡。因此，为保证园林植物正常生长、发育，有效发挥园林功能，掌握植物害虫识别、发生危害规律、提出防控措施并进行有效防治显得十分必要。

一、食叶害虫

1. 斜纹夜蛾

斜纹夜蛾［*Prodenia litura*（Fabricius）］，又名莲纹夜蛾，俗称乌头虫、夜盗虫，属鳞翅目、夜蛾科。斜纹夜蛾分布于全国各地，以长江、黄河流域各省危害较重。该虫幼虫取食叶片、花及果实，危害荷花、康乃馨、百合、香石竹、菊花、月季、仙客来、九里香等多种园林植物。

（1）形态特征　斜纹夜蛾成虫体长 14~20mm，翅展 33~42mm，胸腹部深褐色，胸部背面有白色丛毛，前翅斑纹复杂，最大的特点是在两条波浪状纹中间有 3 条斜伸的明显白色斜线，故名斜纹夜蛾，后翅白色。幼虫最显著特征是中胸略膨大，背面两侧各有一黑斑；低龄幼虫头黑褐色，体嫩绿色；高龄幼虫体色多变，中胸至第 9 腹节亚背线内侧各节有一近半月形或似三角形的黑斑。蛹椭圆形，腹部 4~7 节背面前缘及 5~7 节腹面前缘密生细刻点；末端臀刺 1 对（如图 3-3 所示）。

（2）生活习性　斜纹夜蛾发生代数因地而异，我国东北、华北地区每年发生 4~5 代，华东、华中地区每年发生 5~7 代，华南地区每年发生 7~9 代。以蛹在土中越冬，少数以老熟幼虫在土缝、枯叶中越冬，南方冬季无休眠现象。虫卵成块产于植物叶片背面，低龄幼虫群集叶背取食叶肉，留下叶片的上表皮和叶脉。3 龄后的斜纹夜蛾分散生活，4 龄后的斜纹夜蛾进入暴食期，白天潜于植株下部或土缝中，傍

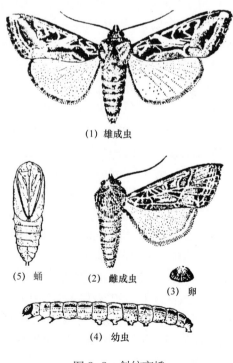

(1) 雄成虫

(5) 蛹　(2) 雌成虫　(3) 卵

(4) 幼虫

图 3-3　斜纹夜蛾

晚取食为害，幼虫老熟后即入土化蛹。成虫昼伏夜出，具有趋光性，喜醋、食糖、酒等发酵物。斜纹夜蛾是一种间歇性猖獗发生的害虫，其发生量主要受气候与降雨量的影响，降雨量少、高温干旱的环境有利于斜纹夜蛾的生长。

（3）防治方法

①农业防治：清除园内杂草和残株落叶，减少虫源；人工摘除卵块和初孵幼虫的危害叶片。

②物理防治：黑光灯、糖醋液诱杀成虫。糖醋液成分为糖∶酒∶醋∶水（2∶1∶2∶2）加少量敌百虫。

③生物防治：利用广赤眼蜂、螟蛉绒茧蜂等寄生性天敌；生物制剂：200亿 PIB/g 斜纹夜蛾多角体病毒水分散剂 5000 倍液，Bt 乳剂 600~800 倍液。

④化学防治：5% 氯虫苯甲酰胺（普尊）悬浮剂 1500~2000 倍液、1% 甲维盐乳油 1000~1500 倍液、5% 氟虫脲乳油 800~1200 倍液等。

2. 曲纹紫灰蝶

曲纹紫灰蝶[*Chilades pandava*（Horsfield）]，别名苏铁小灰蝶，属鳞翅目、灰蝶科。在我国主要分布于广东、广西、台湾、香港、四川、上海、海南、福建、浙江、江苏等地。该虫是一种检疫性害虫，主要危害苏铁，以幼虫蛀食或蚕食苏铁新抽出的羽叶和叶轴为主，严重时将羽叶全部吃光，仅留叶轴，剩下破絮状的残渣和干枯的叶柄、叶轴，严重影响苏铁的生长、观赏价值和经济价值。

（1）形态特征　雌蝶体长约 10mm，翅展约 25mm，翅黑褐色，中后区域有青蓝色金属光泽，后翅外亚缘带由一列有细白边的黑斑组成，外横斑列由较模糊的白色三角形斑点构成。雄蝶略小，翅蓝紫色，有金属光泽，前翅外缘黑褐色带细窄，后翅前缘黑褐色带宽，外缘有细黑边，亚缘带由 1 列黑褐色斑点构成，且各斑的外侧均有细白边，尾突为细长黑色，端部为白色。翅反面雌雄相同，均呈灰褐色，斑纹黑褐色并具白边，外缘均具细黑边，后翅亚外缘有一列斑点及一条波状线，外横斑列连成一条波状曲纹。幼虫共有 4 个龄期，椭圆形而扁，边缘薄而中央隆起，体色有青黄色、紫红色或棕黄色。老熟幼虫体长 9~11mm，宽 3~3.5mm，头小，缩在胸部内，足短。背面密布黑短毛。腹部第 8 节背中央有 1 个翻缩腺。卵散产，呈白色、扁圆形，直径约 0.4mm，中间稍凹陷，表面粗糙有小刻点和网纹（如图 3-4 所示）。

（2）生活习性　曲纹紫灰蝶主要以蛹越冬于苏铁心蕊或根部周围土壤中，春季气候转暖时开始羽化，以幼虫取食苏铁嫩叶为害。成虫羽化后次日即可交配产卵，喜在新叶刚抽芽尚未展开的幼叶或球花上产卵，卵期很短。幼虫孵化后即群集钻蛀羽叶和球花幼嫩组织内取食。幼虫共 4 龄，3 龄后期即边取食边向树基部爬行，寻找隐蔽处，4 龄后基本不取食，在苏铁茎顶部或叶柄基部吐丝固定虫体化蛹。曲纹紫灰蝶在陕西年发生 5~7 代，其中以每年的 7~9 月为盛发期；在四川、云南等地年发生 10 代左右，其中每年的 4~10 月为盛发期；福建南部、

广东、台湾全年可见各虫期，世代
交替。

（3）防治方法

①加强检疫：引进苏铁种子时要
进行检疫，防止曲纹紫灰蝶的传播、
蔓延。

②农业防治：冬季进行清园修
剪，将老叶、病叶剪去烧毁以减少
越冬虫源。

③人工除卵：及时摘除苏铁嫩芽、
嫩叶上的卵块。

④药剂防治：可用10%氯氰菊
酯800~1000倍液、48%毒死蜱乳
油2000~2500倍液、0.3%印楝素
500~1000倍液等进行防治。

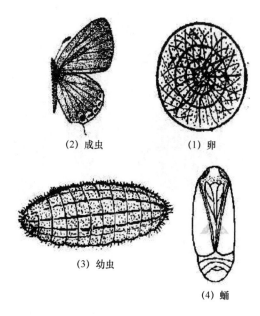

图3-4　曲纹紫灰蝶

二、枝干害虫

1. 星天牛

星天牛［*Anoplophora chinensis*（Forster）］又名柑橘天牛，属鞘翅目、
天牛科。在我国广泛分布，东北三省、河北、山东、陕西、上海、安徽、河南、
甘肃、浙江、湖北、云南、福建、广西、广东、海南、台湾、香港等地均有分布。
该虫是我国林业重要蛀干害虫，主要危害悬铃木、杨树、柳树、榆树、枣树、板栗、
琵琶、苹果、梨等多种树木。该虫主要以幼虫在近地表的主干、主根或主枝部
位钻蛀取食为害，造成植株养分和水分输送受阻，导致树势衰退，重者全株枯死。

（1）形态特征　星天牛成虫体长19~39mm，体漆黑色而有光泽。触角第
1~2节为黑色，其他各节基部1/3有淡蓝色毛环，其余部分为黑色。前胸背板中
瘤明显，侧刺突粗壮。鞘翅基部有黑色小颗粒，前翅具有大小白斑约20个，排
成不规则的5个横列。雄虫触角倍长于体，雌虫触角稍过体长。幼虫呈淡黄白色，
老熟幼虫体长45~67mm，前胸背板前方左右各有1黄褐色飞鸟形斑纹，后方有
一块黄褐色"凸"字形大斑纹，略隆起。胸足退化或消失（如图3-5所示）。

（2）生活习性　星天牛一般1年发生1代，有些地方2年发生1代，幼虫
在寄主木质部内越冬。多数地区星天牛在次年4月化蛹，4月下旬至5月上旬成
虫开始出现，5~6月为羽化盛期，5月底~6月中旬为产卵盛期；产卵前，成虫
先用上颚咬1个椭圆形刻槽，每刻槽产卵1粒，产卵后分泌胶黏物封塞产卵孔；
8月下旬，至9月上中旬仍有成虫出现。低龄幼虫先在韧皮部和木质部间横向蛀

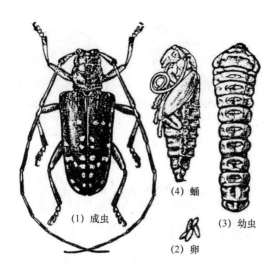

（4）蛹

（1）成虫

（3）幼虫

（2）卵

图 3-5 星天牛（仿张翔）

食，3 龄后蛀入木质部。10 月中下旬幼虫开始越冬。

（3）防治方法

①农业防治：及时施肥灌溉，促使植株生长旺盛，保持树干光滑；及时剪除病虫枝。

②人工捕杀成虫和幼虫：成虫盛发期可人工捕杀；铁丝钩杀幼虫。

③生物防治：利用天敌，如啄木鸟、茧蜂等。

④药剂防治：星天牛幼虫的防治，用棉花蘸 80% 敌敌畏乳油或 40% 乐果乳油稀释 5~10 倍液塞入虫孔，也可用针管将药液注入虫孔

内毒杀幼虫；成虫羽化盛期，可用对硫磷乳油、马拉硫磷乳油等 500 倍液，喷洒树干；成虫产卵前用生石灰 5kg、硫黄粉 0.5kg，加水 20kg 制成涂白剂，涂刷树干基部预防成虫产卵。

2. 咖啡木蠹蛾

咖啡木蠹蛾（*Zeuzera coffeae* Nietner），又称咖啡豹蠹蛾，属鳞翅目、豹蠹蛾科。在国内主要分布于南方各省，尤以广东、广西、云南、四川、江西、江苏、福建、台湾等地发生较多。主要危害荔枝、枣、柿、番石榴、咖啡、可可、杨树、木麻黄、水杉、刺槐、台湾相思、悬铃木等多种果树以及花卉植株枝干，是一种杂食性、危害大的枝干害虫。

（1）形态特征 咖啡木蠹蛾雌蛾体长 18~26mm，翅展 40~52mm，触角丝状。雄蛾体长 15~20mm，翅展 33~36mm，触角基部羽状、端部丝状，具白色短绒毛。胸背部灰白色，具有 3 对青蓝色圆点。前翅呈灰白色，各室散生大小不等的青蓝色短斜斑点，雄蛾翅上的点纹较多。后翅外缘有 8 个蓝黑色斑点，中部有 1 个蓝黑色斑点。老熟幼虫体长 30mm，呈红褐色，体上多白色细毛。前胸背板及腹部末端臀板均为黑褐色，故有"两头虫"之称。卵呈淡黄色、块状，紧密黏结于枯枝虫道内（如图 3-6 所示）。

（2）生活习性 咖啡木蠹蛾在江西以南，每年发生 2 代；在浙江以北，每年发生 1 代；在江苏每年发生 1 代。以大、小幼虫在被害枝条内越冬。以大幼虫越冬的咖啡木蠹蛾，次年发生 2 代，蛹期分别为 4 月上旬~5 月下旬和 8 月上旬~9 月中旬，成虫发生期分别为 5 月上旬~6 月下旬和 8 月下旬~10 月下旬。以低龄幼虫越冬的咖啡木蠹蛾，次年发生 1 代，蛹期为 6 月中旬~7 月中旬，成虫发生期为 7 月上旬~8 月中旬。

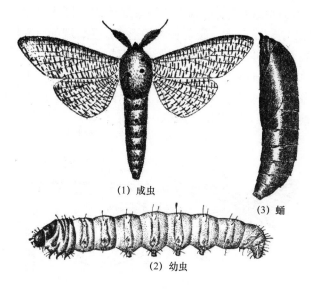

（1）成虫
（3）蛹
（2）幼虫

图3-6　咖啡木蠹蛾

（3）防治方法

①农业防治：咖啡木蠹蛾喜干热通风的环境。适当密植，增施有机肥促使树体健壮生长，不过度修剪可减轻受害。

②人工防治：及时人工剪除虫枝并烧毁；铁丝刺杀虫道内的幼虫和蛹。

③生物防治：保护利用小茧蜂、寄生蝇等天敌。

④物理防治：利用黑光灯及糖、醋、酒液诱杀成虫。

⑤药剂防治：幼虫孵化期，可用80%敌百虫1000倍稀释液，或80%敌敌畏1000~2000倍稀释液，或2.5%敌杀死乳油1000~2000倍稀释液单用或混合后喷洒；往有新鲜虫粪的蛀道内插入蘸有80%敌敌畏乳油100倍稀释液的药棉签或直接用针筒往蛀道内注射该药液，外用黏泥封孔，防治幼虫效果可达90%以上。

三、吸汁害虫

1. 月季长管蚜

月季长管蚜（*Macrosiphum rosivorum* Zhang），属同翅目、蚜科。在我国分布于吉林、辽宁、北京、河北、安徽、江苏、上海、浙江、江西、湖南、湖北、福建、贵州、四川等地。该虫在春秋两季以若蚜、成蚜群集于新梢、嫩叶和花蕾上为害，导致受害植株生长衰弱、不能开花，严重时诱发霉污病，造成植株死亡。此外，蚜虫还能传播病毒病。

（1）形态特征　无翅孤雌蚜，体型较大，呈卵形，体长约4.2mm、宽约

1.4mm,头部为土黄色或浅绿色,胸腹部呈草绿色,有时为橙红色。头部额瘤隆起,并明显地向外突出呈"W"形。腹管长圆筒形,黑色,端部有网纹,其余为瓦纹。尾片圆锥形,表面有小圆突起构成的横纹。有翅孤雌蚜,体长约3.5mm,宽约1.3mm,体为草绿色,中胸为土黄色。腹部各节有中斑、侧斑、缘斑,第8节有一大宽横带斑。腹管长为尾片的2倍,尾片长圆锥形,有曲毛9~11根。其余特征与无翅孤雌蚜相似(如图3-7所示)。

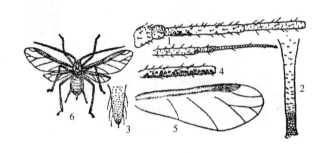

图3-7 月季长管蚜

无翅孤雌蚜 1—触角 2—腹管 3—尾片

有翅孤雌蚜 4—触角 5—前翅 6—成虫

(2)生活习性 月季长管蚜一年发生10~20代,在北方以卵的形态在寄主植物的芽间越冬;在南方以成蚜、若蚜在梢上越冬。全年发生盛期在5~6月和9~10月。气温在20℃左右、干旱少雨的环境,有利于该虫的发生与繁殖;盛夏阴雨连天则不利于其发生与为害。

(3)防治方法

①农业防治:秋后剪除10~15cm,所有茎干烧毁,减少虫源。

②物理防治:温室和大棚内,利用黄色黏胶板诱杀有翅蚜。

③生物防治:保护和利用瓢虫、草蛉等天敌。

④药剂防治:虫口密度较高时,可喷洒50%抗蚜威可湿性粉剂3000倍液、40%乐果1000倍液、2.5%敌杀死乳油2500~3000倍液、6%吡虫啉3000~4000倍液、25%亚胺硫磷乳油1000倍液等。在月季休眠期,可喷洒3~5°Bé石硫合剂。

2. 温室白粉虱

温室白粉虱[*Trialeurodes vaporariorum*(Westwood)],又称小白蛾子,属同翅目、粉虱科。该虫是温室中常见的一种害虫,全国各地均有发生。该虫以成虫和若虫群集在寄主植物叶背、嫩梢中吸食植物汁液,分泌蜜露,引起霉污病,影响植物光合作用,导致叶片变黄、萎蔫,甚至整株枯死。此外,温室白粉虱还能传播病毒病。

（1）形态特征　温室白粉虱成虫体长约 1.5mm，呈淡黄色到白色，全身布满白色蜡粉，前翅有一长一短两条脉。两翅合拢时，平覆在腹部上，通常腹部被遮盖。若虫呈淡黄绿色，长卵圆形，体具长短不齐的蜡丝（如图 3-8 所示）。

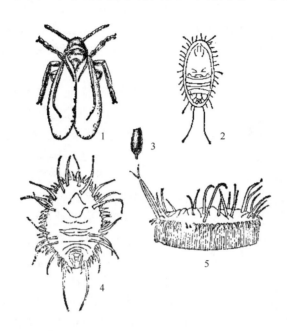

图 3-8　温室白粉虱（仿唐尚杰）

1—成虫　2—幼虫　3—卵　4—蛹正面观　5—蛹侧面观

（2）生活习性　温室白粉虱在温室内每年可发生 10 代以上，无滞育或休眠现象，在温室条件下完成 1 代需要 30d 左右。温室白粉虱春末夏初期种群密度大，7~8 月迅速上升达到高峰，10 月中旬天气转凉后，虫口数量逐渐减少，白粉虱由露地向温室迁移，完成生活史。

（3）防治方法

①加强检疫：严格检查各类花卉苗木，避免将虫带入。

②农业防治：及时清除病枝残叶、田间杂草，以减少虫源。

③物理防治：温室白粉虱对黄色具有强烈趋性，可在棚室内设置黄板诱杀成虫。

④生物防治：可人工释放丽蚜小蜂、草蛉等昆虫防治温室白粉虱；还可利用田间自然天敌防治该虫。

⑤药剂防治：可用敌敌畏乳油加硫黄粉和木屑进行闭棚熏蒸；喷施 25% 扑虱灵乳油 1000~2000 倍液、50% 杀螟松乳油 1000 倍液、20% 甲氰菊酯乳油 2000 倍液、40% 乐果乳油 1000 倍液等。

四、根部害虫

1. 铜绿丽金龟

铜绿丽金龟（*Anomala corpulenta* Motschulsky），别名又称铜绿金龟子、青金龟子、淡绿金龟子，属鞘翅目、丽金龟科。该虫在我国各地均有分布，成虫主要危害寄主植物叶片，幼虫危害寄主植物的根部和嫩茎，严重时常造成植物枯萎及死亡。

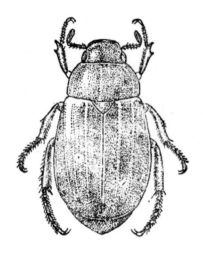

图 3-9　铜绿丽金龟成虫

（1）形态特征　铜绿丽金龟成虫体长 15~22mm，背面铜绿色有光泽。触角呈黄褐色，鳃叶状。前胸背板发达、密生刻点，呈铜绿色，两侧边缘为黄褐色。鞘翅呈铜绿色，表面有不太明显的隆起带，合缝隆起带较明显。胸部腹板呈黄褐色，有细毛。前、中足大爪分叉，后足大爪不分叉。老熟幼虫体长 30~40mm，头部黄褐色，体乳白色，"C"字形（如图 3-9 所示）。

（2）生活习性　铜绿丽金龟每年发生 1 代，以 3 龄或 2 龄幼虫在土中越冬。翌年 4 月上旬上升到土表为害，取食寄主植物根部，5 月老熟幼虫开始化蛹，5 月底成虫出现，发生盛期在 6~7 月，成虫产卵后，7 月中旬新一代幼虫开始出现，取食寄主植物根部，9 月上旬幼虫入土越冬。铜绿丽金龟成虫有假死性和趋光性，昼伏夜出，多在黄昏时开始活动。成虫活动适温为 25℃以上，在闷热无雨的夜间活动最盛。1 龄和 2 龄幼虫食量小，3 龄幼虫食量猛增，危害最重，一般春秋两季危害重。

（3）防治方法

①农业防治：冬耕翻土整地，捕杀幼虫、蛹和成虫。

②人工防治：铜绿丽金龟成虫具有假死性，日出前或晚上可人工震落成虫。

③物理防治：利用黑光灯诱杀成虫。

④生物防治：利用白僵菌、绿僵菌、乳状菌、益鸟等防治铜绿丽金龟。

⑤药剂防治：90% 敌百虫 800~1000 倍液、40% 乐果乳油 800 倍液、2.5% 敌杀死 3000 倍液等喷洒叶面，防治成虫；利用 5% 辛硫磷颗粒剂、50% 辛硫磷乳油等进行土壤处理。

2. 小地老虎

小地老虎（*Agrotis ypsilon* Rottemberg），又名切根虫、夜盗虫、土蚕，属鳞翅目、夜蛾科。遍布我国各地，但以长江流域、东南沿海各省及西南各地为多。该虫幼虫食性杂，可危害松、杉木、菊花、一串红、万寿菊、鸡冠花、香石竹等，主要危害寄主植物幼嫩部位，取食嫩叶、幼茎为主，严重影响幼苗和植株的正常生长。

（1）形态特征 小地老虎成虫体长16~23mm，翅展42~54mm，呈深褐色。雌蛾触角丝状，雄蛾双栉齿状。前翅由内横线、外横线将全翅分为3段，肾状纹、环状纹、棒状纹周围有黑边；在肾状纹外侧凹陷处，有一尖端向外的黑色楔形斑，与亚外缘线上2个尖端向内黑色楔形斑相对。后翅黑色无斑纹。老熟幼虫体长37~47mm，宽5~6.5mm，呈黄褐色至暗褐色，背线明显，体表密被黑色颗粒。臀板黄褐色，具2条深褐色纵带（如图3-10所示）。

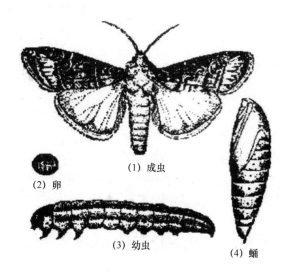

(1) 成虫
(2) 卵
(3) 幼虫
(4) 蛹

图3-10 小地老虎

（2）生活习性 小地老虎在不同地区每年发生代数不同，一般华南地区每年发生6~7代、江淮流域每年发生4~5代、北方地区每年发生2~3代。在北方以蛹的形态越冬，在南方以老熟幼虫或蛹的形态越冬。越冬代成虫在全国大部分地区发蛾盛期在3月下旬至4月上旬。第1代幼虫造成的危害最严重，第1代幼虫4月中下旬至5月上中旬为害，5月下旬入土化蛹。小地老虎的成虫具有迁飞性，昼伏夜出，对黑光灯、糖醋酒液等有较强趋性。小地老虎将卵产于矮小的杂草上，尤其在贴近地面的叶背或嫩茎上。幼虫3龄前栖息于地上部，取食寄主顶芽和嫩叶；3龄后白天藏匿于土表中，夜间出来为害。小地老虎喜温暖潮湿的环境。土质疏松、团粒结构好的壤土，近水地、杂草较多的地块，蜜源植物多的地块，耕作粗放的地块等，小地老虎发生危害严重。在早春气温偏暖、雨水少的年份，小地老虎发生量大。

（3）防治方法

①农业防治：清除杂草，清除小地老虎产卵场所。

②物理防治：黑光灯诱杀成虫；糖醋酒液（糖3份、醋4份、水2份、酒1份，并加入总量0.2%的90%晶体敌百虫）诱杀成虫；堆草诱杀幼虫，傍晚在苗圃中堆放嫩草一堆，或以毒饵放于草堆下，次日清晨在草堆下捡拾幼虫并处死。

③药剂防治：毒饵诱杀幼虫，先用炒香的秕谷、麦麸或棉籽饼5kg与40%乐果乳油10倍液或敌百虫溶液混匀，在无风闷热的傍晚撒施到苗圃地进行诱杀；防治初孵幼虫或3龄前幼虫，可喷施2.5%功夫乳油4000倍液、50%辛硫磷乳油1000倍液、4.5%高效氯氰菊酯乳油2000倍液、48%毒死蜱乳油1000倍液等；土壤处理可用3%乐斯本颗粒剂或0.2%联苯菊酯颗粒剂0.4kg/hm²均匀撒施于植株周围，或用50%辛硫磷乳油1000倍液喷浇苗间及根际附近的土壤。

实训二 〉 〉 园林植物害虫的田间识别与防治

一、实训目的

通过实训，识别当地主要园林植物害虫的形态特征和为害状，了解当地园林植物主要害虫的种类、发生和为害情况，掌握当地园林植物主要害虫的发生规律，学会制定科学的防治方案并组织实施。

二、实训器材

剪刀、植物标本夹、体式显微镜、手持放大镜、镊子、记录本、笔及相关图书资料。

三、实训步骤

（1）选取害虫危害严重的园林绿地或温室，仔细观察害虫为害状，采集害虫标本，在教师的指导下，查阅资料图片，利用手持放大镜，初步鉴定害虫的种类和虫态。

（2）根据田间害虫的为害情况，调查害虫的虫口密度和为害情况，确定当地园林植物害虫的优势种类。

（3）将田间采集和初步鉴定的害虫不同虫态的标本带至实训室，利用体式显微镜，参照相关资料和生活史标本，对害虫进一步鉴定，确定害虫种类。

（4）针对当地为害严重的优势种类害虫，查阅相关资料，了解其在当地的发生规律。

（5）根据优势种类害虫在当地的发生规律，按照食叶害虫、枝干害虫、吸汁害虫、地下害虫制定综合防治方案，并提出当前的应急防治措施、组织实施、做好防治效果调查。

◎ 练习题〉〉

一、多选题

1.害虫防治的基本方法有（　　）。

A.农业防治　　　　B.物理防治　　　C.化学防治　　　D.生物防治

2.金龟子主要为害园林植物的（　　）。

A.根　　　　　　　B.茎　　　　　　C.叶　　　　　　D.以上都有

二、简答题

根据你所认识的一种园林害虫，指出其分类地位，简述其防治方法。

◎ 项目三〉〉常见病害识别与防治

学习目标

　　通过学习常见园林植物病害识别与防治，掌握非侵染性病害、真菌、细菌、病毒、线虫等植物病害的发生特点及诊断要点，熟悉植物病害诊断的一般程序；了解常见园林植物病害的分布与危害，掌握常见园林植物病害的症状识别、病原识别、发病规律，着重掌握常见园林植物病害的防治措施。

学习重点与难点

　　学习重点：各类植物病害的发生特点及诊断要点、常见园林植物病害的症状识别、病原识别、发病规律及防治措施。

　　学习难点：常见园林植物病害的防治措施。

项目导入

　　园林植物病害是指园林植物受到其他生物的侵害或者植物对环境条件不适应时，造成植物生理机能、细胞和组织结构以及外部形态上发生局部或者整体变化，园林植物表现出不能正常地生长发育，开花结果，并表现出各种病态甚至死亡的现象。植物病害分为侵染性病害和非侵染性病害。植物病害的症状是指植物感病后，一切不正常的外部表现，包括病状和病症。病状指感病植物本身表现出的不正常状态，主要分为变色、坏死、腐烂、萎蔫、畸形五大类型。病症指发病部位病原物形成的特征性结构和物质，主要有霉状物、粉状物、粒状物、脓状物。症状是识别植物病害的重要依据，不同时期、不同部位，症状不同。要防治植物病害，首先要对植物病害进行诊断，其一般步骤为：①田间观察；②症状的识别与描述；③病原物的室内鉴定；④病原物的分离培养和接种；

⑤提出适当的诊断结论。

◎ 一、非侵染性病害

非侵染性病害（也称非传染性病害、生理性病害）由不良环境条件引起，如营养失调、水分不均、温度不适、肥料和农药使用不合理、废水和废气造成的毒害等。非侵染性病害的特点：无发病中心、无传染性、整片发生。非侵染性病害的诊断，首先要排除侵染性病害，然后分别检查发病的症状（部位、特征、为害程度），再分析发病因素（发病时间、气候条件、地形、土壤、肥料、水分、农药使用等）。

1. 香樟黄化病

香樟是一种亚热带常绿乔木，在我国地域内被广泛栽种，其具有良好的净化空气和灭菌驱虫的效应。

（1）症状　香樟黄化病大多是从新梢嫩叶上开始发病，叶肉变黄，发病初期叶片呈绿色网纹状，叶脉为绿色，随后叶片大多变黄色或黄白色，症状严重时，全株呈黄白色，叶脉亦为黄白色，嫩梢顶部焦头，以至枯死。香樟黄化病在香樟植株上发生普遍，轻则使香樟发育受阻，形态失常，重则造成植株死亡，可造成较大的经济损失和生态破坏（如图 3-11 所示）。

（2）病原　香樟树黄化病是典型的生理性病害，土壤中缺少有效铁（二价铁）是造成香樟黄化病的直接因素。

（3）发病规律　香樟黄化病所表现症状的轻重与香樟的生长周期有关，一般在香樟的休眠期症状表现明显，在香樟的生长旺期症状有所减轻。我国北方的大部分地区，土壤和水质呈碱性，香樟树引种后适应性差，易得黄化病。

图 3-11　香樟黄化病

（4）防治措施

①香樟树种植前对根际碱性土壤进行改良：直径 8cm 左右的香樟树，按 1m×1m×1m 挖种植穴，换成含有机质的菜园土，同时施用有机肥＋酸性介质，提高土壤肥力。

②用 2% 硫酸亚铁溶液浇根，每周 1 次，连续 4~5 次。

③穴施或灌施含铁肥料配方，即螯合铁＋磷酸二氢钾＋复合肥＋微量元素来防治，重复 3~4 次。

④硫酸亚铁溶液直接注干，用硫酸亚铁 15g＋尿素 50g＋硫酸镁 1g＋水 1000g 配制的溶液打孔注射。

⑤"打点滴"：在普通输液瓶装入 0.5% 硫酸亚铁溶液，给香樟树"打点滴"。

⑥修剪部分枝条，缓解营养供给不足。

⑦叶面喷 0.1%~0.2% 硫酸亚铁溶液。

2. 君子兰日灼病

（1）症状　叶片上产生边缘不清晰的发白或略发黄的干枯斑块，严重时叶面像被火烧过一样，呈现一片焦黄，严重时植物整株枯死（如图 3-12 所示）。

（2）病原　君子兰日灼病为生理性病害，由高温、烈日阳光直射造成。

（3）发病规律　君子兰日灼病多发生在炎热的夏、秋季。尤其是刚一入秋，早、晚凉，中午热的环境，君子兰极易发生日灼。君子兰成苗或幼苗均易得此病，幼苗期叶片较嫩，发病率较高。太阳光过强的条件下，易使君子兰发生日灼病。

（4）防治措施

①加强水肥管理。

②注意遮阴，当室内温度超过 30℃时，要加强通风或采取喷水降温。

③对已发病的君子兰，可适当修剪叶片，避免伤害蔓延，引起其他病害。

图 3-12　君子兰日灼病

◎ 二、侵染性病害

侵染性病害（也称传染性病害）是由病原生物引起的，其病原物有真菌、细菌、病毒、线虫、寄生性种子植物等。侵染性病害的特点：传染性、点片发生、有发病中心，并向周围扩展。植物病害的侵染循环是指侵染性病害从一个生长季节开始发生，到下一个生长季节再度发生的过程。它包括病原物越冬（越夏）场所、病原物的传播以及病原物的初侵染和再侵染等环节，切断其中任何一个环节，都能达到防治病害的目的。

每种植物都会发生很多种病害，需要加以防治的是大面积发生、为害严重的病害。一种病原物在大面积植物群体中短时间内传播并侵染大量寄主个体的现象称为植物病害流行。病害发生并不等于病害的流行，植物病害的流行是由于引起植物病害的三个主要因素（简称病害"三要素"），即感病的寄主植物、致病性强的病原物和一定时间内适宜的环境条件之间相互配合而发展起来的。此外，人类活动也可能无意识地助长了某种病害的流行或者有效地控制了病害的流行。

1. 真菌病害

植物真菌病害的病状常有坏死斑、畸形、萎蔫、褪色、腐烂等。许多真菌病害常在病部产生典型的病症，如霉状物、粉状物、小黑点等，有的在发病时可长出绵丝状、绒毛状菌丝。人们可根据这些症状进行病害诊断。在病部不易产生病症的真菌病害，可以保湿培养后进行镜检；有的真菌病害，病部没有明显的病症，保湿培养及徒手切片均未见到病菌子实体，则可进行病原的分离、培养及接种试验，才能作出准确的诊断。

（1）兰花炭疽病 兰花炭疽病又称黑斑病、褐斑病，是普遍发生在兰花上的一种严重病害，还危害虎头兰、宽叶兰、广东万年青等园林植物。该病主要危害叶片，也可危害茎部和果实，不仅阻碍植物生长，还严重影响其观赏价值，如图 3-13 所示。

①症状：病菌主要侵害植物叶片，也可危害植物茎部。发病初期，叶片上出现黄褐色稍凹陷的小斑点，后扩大为暗褐色圆形或椭圆形病斑，发生在叶尖、叶缘的病斑呈半圆形或不规

（1）症状　　（2）分生孢子盘

图 3-13　兰花炭疽病

则形。发生在叶尖的病斑向下扩展，枯死部分可占叶片的 1/5~3/5，发生在叶基部的病斑导致全叶或全株枯死。病斑中央呈灰褐色，有不规则的轮纹，着生许多近轮状排列的黑色小点，即病菌的分生孢子盘，在潮湿的情况下，产生粉红色黏液。植物茎、果受害出现不规则形或长条状黑褐色病斑。

②病原：危害春兰、建兰等品种的病原菌为兰炭疽菌（*Colletotrichum orchidearum* Allesch），属半知菌亚门、腔孢纲、黑盘孢目、炭疽菌属。危害寒兰、蕙兰、披叶刺兰、建兰、墨兰等品种的病原菌为兰叶炭疽菌（*C.orchidearum f.cymbidii* Allesch）。

③发病规律：病菌以菌丝体和分生孢子的形态在病株残体、假鳞茎上越冬。翌年当气温回升，兰花展开新叶时，分生孢子会进行初次侵染，病菌借风、雨、昆虫传播。病菌从伤口侵入或直接侵入植株，潜育期 2~3 周，多次再侵染。分生孢子萌发的适温为 22~28℃。兰花炭疽病于每年 3~11 月发病，4~6 月梅雨季节发病重。株丛过密，叶片相互摩擦易造成伤口，蚧壳虫危害严重有利于病害发生。

④防治方法：

a.加强栽培管理：温室要通风透光，降低湿度，减少病虫害传播。浇水时要从盆边慢慢浇入，避免当头淋浇。

b.清除病叶及其病残体，减少病原：及时剪除病叶及其病残体，并在伤口处涂抹药液，以防止病菌从剪口侵入。

c.药剂防治：在发病初期，用 50% 多菌灵可湿性粉剂 500~600 倍液，或用 70% 甲基托布津 1000 倍液，或用等量式 100~200 倍波尔多液喷施 2~3 次。

（2）月季白粉病 月季白粉病是世界性病害，月季栽培区均有发生。在我国，重庆、西宁、太原、郑州、呼和浩特、苏州、兰州、沈阳等市发病严重。月季白粉病引起大量叶片卷曲、焦枯，嫩梢枯死、花不开放或花姿不整，影响月季的生长和观赏。该病发生严重时危害株率可达 80%，甚至达到 100%，造成严重经济损失，如图 3-14 所示。

①症状：病菌主要危害月季的叶片、嫩梢、花梗、花蕾，受害部位有一层白粉状物。嫩叶染病后叶片反卷、皱缩、变厚，有时为紫红色。老叶感病时，叶面出现近圆形、水渍状退绿的黄斑，病健交界不明显，严重受害时，叶片枯萎脱落。嫩梢及花梗染病时，被害部位稍膨大并向反面弯曲；花蕾染病时，表面被覆一层白粉，花朵畸形，开花不正常或不能开花。

②病原：月季白粉病病原为蔷薇单囊壳菌［*Sphaerotheca pannosa*（Wallr.）Lev.］，属于子囊菌亚门、核菌纲、白粉菌目、单囊白粉菌属。无性阶段为粉孢霉属的真菌（*Oidoum* sp.）。

③发病规律：白粉病病菌主要以菌丝体在染病植株上越冬。翌年春，病菌随着月季芽的萌动而开始萌发，并侵染植株的幼嫩部位，产生新的病菌孢子并

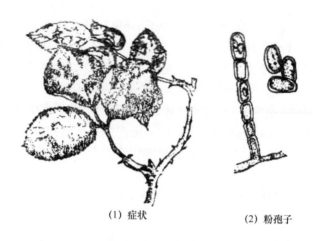

(1) 症状　　　　　　　　　　(2) 粉孢子

图 3-14　月季白粉病

随气流传播。病菌孢子直接从植株表皮侵入或气孔侵入，白粉病在温暖潮湿季节发病迅速。病原菌适应的温度范围为 3~33℃，最适温度为 21℃，萌发最适湿度为 97%~99%。露地栽培月季以春季 5~6 月和秋季 9~10 月发生较多，温室栽培一年四季均可发生，也成为露地栽培的初次侵染源。偏施氮肥、植株过密、光照不足、通风不良等，都会加重病害的发生。抗白粉病性差的品种易发病。

④防治方法：

a. 种植抗病品种。

b. 加强栽培管理：少施氮肥，多施磷钾肥；大棚要通风透光，降低田间湿度。

c. 及时修剪病枝、病芽，发现病叶及时摘除，避免传播。

d. 药剂防治：采用 25% 粉锈宁可湿性粉剂 1500~2000 倍液，或 50% 苯来特可湿性粉剂 1500~2000 倍液，或 20% 粉锈宁乳剂 1200~1500 倍液喷洒防治。

2. 细菌病害

细菌病害是由细菌病菌侵染所致的病害，可通过自然孔口（气孔、皮孔、水孔等）和伤口侵入。病原菌可借流水、雨水、昆虫等传播，病原菌可在病残体、种子、土壤中过冬，在高温、高湿条件下容易引起植物发病。细菌性病害常在叶片上先形成油浸状斑点，然后逐渐变成多角形、条形、圆形坏死斑。在叶片病斑周围有黄色晕圈呈现。此外，细菌病害还有萎蔫、腐烂、穿孔、溃疡、畸形等病状。在潮湿情况下，有的病斑上有黏液状、颗粒状菌浓出现。这是细菌病害的病症。切片镜检有无"喷菌现象"是最简便易行又是最可靠的诊断技术。具体方法是：选择典型、新鲜的病组织，先将病组织清洗干净，然后用剪刀从病健交界处剪下 4cm^2 的病组织，置于载玻片中央，滴一滴无菌水，盖上盖玻片，随后镜检。如发现病变组织周围有大量云雾状物溢出，即可确定为细菌病害。若要进一步鉴定细菌的种类，则需要做革兰氏染色、鞭毛染色等进行性状观察。

（1）竹节海棠细菌性叶斑病　由细菌引起的竹节海棠叶斑病主要危害叶片，

造成植株生长衰弱、大量落叶。

①症状：感病初期叶面上形成淡绿色水渍状小点，小点扩大成疱状隆起，呈圆形或近圆形，也可连成褐色大片病斑。周围未坏死的组织则呈淡黄色或红褐色，有明显的晕环，被害组织后期变褐干枯，严重时引起大量落叶。

②病原：竹节海棠细菌性叶斑病的病原菌为秋叶海棠黄单胞杆菌[*Xanthomonas begoniae*（Takimoto）Dowson]，属于黄单胞菌属。革兰氏染色阴性，在马铃薯琼脂培养基上形成圆形黄色菌落。

③发病规律：病原菌随病残体在土壤中越冬。菌体适宜的发育温度为27℃，大多从气孔或伤口侵入，通过雨水、露滴传播。病害在3月中旬发生，高温多湿、连续降雨、肥力不足、管理不善时，植株发病严重。

④防治方法：

a.加强栽培管理：在生长期间加强养护管理，使植株生长健壮、提高抗病能力；高温高湿时期，要注意通风与降温；浇水时浇根不要浇叶，以防病菌随水流传播。

b.发现叶片有少数病斑时，应及时清除病叶、病枝，予以烧毁，避免传播疾病。

c.药剂防治：喷洒90%土·链霉素4000~5000倍液，或25%溴硝醇600~800倍液，7~10天1次，连续2~3次。

（2）君子兰细菌性软腐病　君子兰细菌性软腐病又名君子兰软腐病、君子兰根茎腐烂病，此病在我国君子兰栽培区均有分布，发病时常引起植物叶片软腐，叶基部发病时全叶腐烂，假鳞茎发病导致全株腐烂，造成严重经济损失。

①症状：该病主要为害君子兰叶片及假鳞茎。发病初期，叶片上出现黄绿色、水渍状病斑，后变褐软腐，病斑不规则，病健交界限明显。病斑边缘伤口处有菌溢流出，后期病斑干枯下陷，变为褐色，严重时整叶脱落。茎基部发病先出现水渍状小斑点，逐渐扩大成淡色斑，蔓延至假鳞茎，组织腐烂且有臭味。

②病原：君子兰细菌性软腐病病原有两种，一种是属于细菌纲、真细菌目、欧文氏杆菌属的菊欧文氏菌[*Erwinia chrysanthemi* Burkholder, McFadden et Dimock]，另一种是欧文氏杆菌属的软腐欧文氏菌黑茎病变种[*E.carotovora* var.atroseptica（Hellmers et Dowson）Dye]。

③发生规律：病原细菌在土壤或植物病残体内越冬；细菌由伤口侵入植物，潜育期短，一般为2~3d，生长季节会有多次再侵染；病原菌可借助水流、昆虫、病叶和健叶间的接触摩擦、操作工具等物进行传播。6~11月份该病均可发生，但6~8月份发病最重。高温、高湿条件有利于发病，其中高湿是影响发病的主要因素；氮肥施用过多、灌水不当、通风透光差、蚧壳虫为害严重等情况会加重病害的发生。夏季如果君子兰茎心部分淋雨或喷水不慎灌入茎心内也可诱发此病。

④防治方法：

a.土壤消毒：可用热力消毒或用0.5%~1%福尔马林进行消毒，每平方米约10g；用过的花盆和污染的工具也要用1%硫酸铜清洗消毒后再用。

b.加强栽培管理：及时清除植物病残体；不偏施氮肥；浇水方式要妥当，防止将水灌入茎心内。

c.药剂防治：病斑出现初期，用0.4%链霉素喷洒或涂抹或用注射器注入发病的假鳞茎。

3.病毒病害

植物病毒病害通常表现为花叶、黄化、矮缩、坏死、畸形等出现特殊症状或无病症。采取汁液用摩擦或用嫁接、介体昆虫传毒接种可引起植株发病。用病汁液摩擦接种在指示植物或鉴别寄主上可证明其传染性或见到特殊症状出现。植物病毒病害一般和蚜虫、叶蝉、飞虱等刺吸式昆虫的活动密度有很大的关系，有的和人工田间操作有关。

图3-15　香石竹蚀环斑病

（1）香石竹病毒病　香石竹病毒病普遍分布于香石竹栽培区，是一类世界性病害。香石竹病毒病不同程度地引起香石竹植株矮化、畸形、花叶、坏死、花朵变小、花碎色等症状，导致香石竹的产量、质量下降，造成一定经济损失。常见的香石竹病毒病主要有：香石竹坏死斑病、香石竹叶脉斑驳病、香石竹蚀环斑病、香石竹潜隐病，如图3-15所示。

①症状：

a.香石竹坏死斑病：感病植株中部叶片呈灰白色、淡黄色坏死斑，或不规则形状的条斑或条纹。下部叶片常表现为紫红色坏死斑。发病严重时，叶片枯萎坏死。

b.香石竹叶脉斑驳病：该病在香石竹、中国石竹和美国石竹上均产生系统性花叶，冬季老叶常出现隐症现象。花瓣上出现变色斑点，在红色大花品种上症状特别明显。

c.香石竹蚀环斑病：该病在大花香石竹品种的叶片上产生环状、轮纹状或宽条状白色坏死斑。苗期症状明显，高温季节有隐症现象。发病严重时，灰白色轮纹斑可连接成大病斑，叶片卷曲、畸形。

d. 香石竹潜隐病：该病在香石竹上一般无明显症状，或有轻微的花叶症状。但与香石竹叶脉斑驳病毒复合侵染时产生花叶症状。

②病原：

a. 香石竹坏死斑病：病原为香石竹坏死斑病毒［Carnation necrotid flack virus（CaNFV）］，属黄化病毒群。

b. 香石竹叶脉斑驳病：病原为香石竹叶脉斑驳病毒［Carnation vein mottle virus（CaVMV）］，属马铃薯 Y 病毒群。

c. 香石竹蚀环斑病：病原为香石竹蚀环斑病毒［Carnation etched ring virus（CaERV）］，属花椰菜花叶病毒群。

d. 香石竹潜隐病：病原为香石竹潜隐病毒［Carnation latent virus（CaLV）］，属香石竹潜隐病毒群。

③发病规律：

a. 香石竹坏死斑病：香石竹坏死斑病毒主要由桃蚜传播，也可由汁液传播，但汁液接种成功率很低。

b. 香石竹叶脉斑驳病：香石竹叶脉斑驳病毒由汁液传播，也可由桃蚜传播。园艺操作过程中（如切花、摘芽、剪枝等），工具和手也是病毒传播的媒介。叶脉斑驳病发生的轻重与蚜虫种群密度密切相关，蚜虫发生高峰期后，叶脉斑驳病发生严重。

c. 香石竹蚀环斑病：香石竹蚀环斑病毒由汁液、嫁接中介传播，也可由桃蚜传播。园艺操作过程中，工具和手也能传播此病。香石竹种植过密造成病、健株叶片相互摩擦，可加重病害的发生。

d. 香石竹潜隐病：香石竹潜隐病毒由汁液和桃蚜传播。

④防治方法：

a. 加强检疫：严禁带毒繁殖材料进入无病地区，防止病害扩散和蔓延。

b. 培育无毒苗：培育、利用无毒苗是防治香石竹病毒病最有效的措施，可采用茎尖脱毒法繁殖脱毒幼苗。

c. 加强栽培管理：在园林作业前，必须用 3% 的磷酸三钠溶液、酒精或热肥皂水洗涤消毒园林工具和双手，防止病毒传播。

d. 防治蚜虫：防治传播病毒的蚜虫。

e. 药剂防治：喷洒 3.85% 病毒必克可湿性粉剂 700 倍液、7.5% 克毒灵水剂 1000 倍液。

（2）美人蕉花叶病　该病在上海、北京、南宁、南昌、杭州、成都、哈尔滨、沈阳、珠海、厦门等地均有发现，是美人蕉的主要病害。

①症状：该病主要侵染美人蕉的叶片和花器。发病初期，叶片上出现褪绿小斑点，或呈花叶状，或有黄绿色和深绿色相间的条纹，条纹逐渐变褐色坏死，叶片沿着坏死部位撕裂，叶片破碎不堪。某些品种上出现花瓣杂色斑点或条纹，

图3-16　美人蕉花叶病

呈碎锦。发病严重时心叶畸形、内卷呈喇叭筒状，花穗抽不出或很短小，花少、花小，植株显著矮化，见图3-16。

②病原：美人蕉花叶病的病原是黄瓜花叶病毒（Cucumber mosaic virus, CMV），钝化温度为70℃，稀释终点为 10^{-4}；体外保毒期在20℃以下3~6天。另外，我国研究人员还从花叶病病株内分离出美人蕉矮化类病毒（Canna dwarf viriod），初步鉴定为黄化类型症状的病原物。

③发病规律：美人蕉花叶病毒主要是靠蚜虫和汁液传播，由棉蚜、桃蚜、玉米蚜等做非持久性传毒，由病块茎做远距离传播。美人蕉不同品种间抗病性有一定差异，普通美人蕉、大花美人蕉、粉叶美人蕉发病严重，红花美人蕉抗病力强。蚜虫数量多，寄主植物种植密度过大发病较重；挖掘块茎的工具不消毒，易造成有病块茎对健康块茎的感染。

④防治方法：

a.选用无毒的美人蕉母株作为繁殖材料，淘汰有毒的块茎。

b.加强栽培管理：拔除并销毁病植株，以减少侵染源；挖取块茎时注意工具消毒。

c.防治蚜虫：防治传播病毒的蚜虫。

4.线虫病害

在植物根表、根内、根际土壤、茎、叶或虫瘿中可见到有线虫寄生，植物患线虫病的病状有：虫瘿、根结、胞囊或茎（芽、叶）坏死及植株矮化黄化。大部分线虫病无病症，有的则在须根具有白色至褐色芥子粒大小的虫体。对表现虫瘿、叶斑或坏死等症状的，可直接用挑针从病变组织中挑取虫体进行观察；在植物组织内和土壤中的线虫，需用漏斗分离法从感病组织或根际土壤中分离出线虫，在显微镜下观察进行确诊，如图3-17所示。

（1）仙客来根结线虫病　仙客来根结线虫病在我国发生普遍，尤以北京、上海、天津、青岛等地严重，常使植株生长衰弱，甚至死亡，降低仙客来的产量与质量。该病主要危害仙客来、桂花、海棠、仙人掌、菊、石竹、栀子、唐菖蒲、鸢尾等植物。

①症状：该线虫主要危害仙客来球茎、侧根和支根。在球茎上形成大的瘤状物，直径可达1~2cm，侧根和支根上的瘤较小。这些根瘤初为淡黄色，表皮

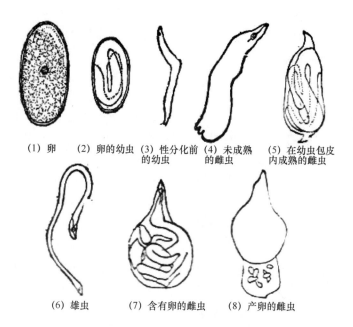

(1) 卵　(2) 卵的幼虫　(3) 性分化前　(4) 未成熟　(5) 在幼虫包皮
　　　　　　　　　的幼虫　　　　的雌虫　　　内成熟的雌虫

(6) 雄虫　　　(7) 含有卵的雌虫　(8) 产卵的雌虫

图 3-17　根结线虫各阶段的形态

光滑，后期变褐色，表皮粗糙。切开根瘤可见有发亮的白色点粒，为雌虫体。由于根部被线虫寄生危害，致使地上植株矮小、叶片变小、叶色发黄，严重时叶片枯死。

②病原：仙客来根结线虫病由多种根结线虫侵染引起，主要病原为南方根结线虫（*Meloidogyne incognita* Chitwood），属线虫纲、垫刃目、根结线虫属。

③发生规律：线虫以二龄幼虫或卵在土壤、病根残体中越冬，主要通过土壤传播，远距离传播靠种苗调运。此外，浇水、施用未腐熟的肥料也能传播该病。当土壤温度达到 20~30℃，湿度在 40% 以上时，线虫直接侵入寄主的幼根，刺激寄主形成巨型细胞，并形成根结。完成 1 代需 30~50d，1 年可发生 3~5 代。土壤内幼虫如 3 周遇不到寄主，死亡率可达 90%。连作、高温高湿、盆土疏松且湿度过大的环境有利此病发病；沙壤土的植物发病较重。

④防治方法：

a.植物检疫：及时对苗木及其周围土壤进行检疫，严禁有病植株引进和输出，防止病害扩散和蔓延。

b.选用无病苗木和球茎处理：应选用无病壮苗；球茎处理可用 45℃温水浸泡 30min 进行消毒。

c.盆土处理：可采用日光暴晒和高温干燥的办法进行土壤消毒；也可选用二溴氯丙烷或克线磷进行土壤处理。

d.药剂防治：可用 50% 辛硫磷乳油 1300~1500 倍灌根。

（2）松材线虫病　松材线虫病又称松树萎蔫病，是松树的一种毁灭性病害。该病致病力强、传播快、发病快，一旦发生，治理难度大，被列入我国进境植物检疫性有害生物名录。

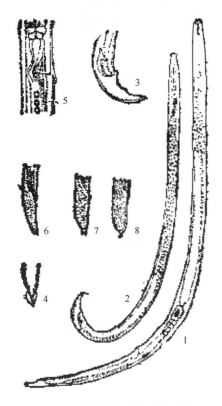

图 3-18 松材线虫（仿唐尚杰）

1—雌成虫　2—雄成虫　3—雄虫尾部　4—交合伞

5—雌虫阴门　6~8—雌虫尾部

①症状：病原线虫侵入树体后，通过食取木质部内髓射线和轴向薄壁细胞，抑制管胞形成，从而使树木的形成层活动停止，水分输导受阻，呼吸增强。松树的外部症状表现为针叶陆续变色，松脂停止流动，萎蔫，而后整株干枯死亡，枯死的针叶红褐色，当年不脱落。

②病原：松材线虫病的病原为松材线虫［*Bursaphelenchus xylophilus*（Steiner & Buhoror）Nickle］，属线虫纲、垫刃目、滑刃科，见图 3-18。

③发病规律：松材线虫病多发生在每年 7~9 月份。高温干旱气候适合病害发生和蔓延，低温则能限制病害的发展；土壤含水量低，病害发生严重。在我国，传播松材线虫的主要是松墨天牛，它们主要分布在天牛的气管中，每只天牛都可携带成千上万条线虫。当天牛在树上咬食补充营养时，线虫幼虫就从天牛取食造成的伤口进入树脂道，然后蜕皮成为成虫。被松材线虫侵染的松树又是松墨天牛的产卵对象。病原线虫近距离由天牛携带传播，远距离随调运带有松材线虫的苗木、木材及松木制品等传播。

④防治方法：

a. 加强检疫：对种苗等繁殖材料和木材的调动和贸易进行管理、控制和检验，防止危险性病虫的传播和蔓延。

b. 选育抗病树种。

c. 农业措施：砍除和烧毁病树和垂死树，清除病株残体；设立隔离带，以切断松材线虫的传播途径。

d. 防治松墨天牛：可采用具有触杀和胃毒作用的化学药剂防治松墨天牛；也可用引诱剂和趋避剂防治松墨天牛。

e.生物防治：利用白僵菌、绿僵菌等防治昆虫介体，也可用捕线虫真菌来防治松材线虫。

实训三 〉〉植物病害的田间诊断

一、实训目的

结合生产实际，通过对当地园林植物发病情况的观察和诊断，逐步掌握各类植物病害的发生特点及诊断要点，熟悉病害诊断的一般程序，为植物病害的调查研究及防治提供依据。

二、实训器材

手持放大镜、记录本、标本夹、小手铲、小手锯、枝剪等。

三、实训步骤

1.非侵染性病害的诊断

在教师的指导下，对当地已发病的园林植物进行观察，注意病害的分布、植株的发病部位、病害是否有发病中心、发病植物所处的小环境等。如所观察到的植物病害症状出现叶片变色、枯死、落花、落果、生长不良等，病部又找不到病原体，且病害在田间分布均匀成片时，可判断为非侵染性病害。诊断时还应结合地形、土质、施肥、耕作、灌溉和其他特殊环境条件认真进行分析。如果是营养缺乏，除了症状识别外，还应该进行施肥试验。

2.真菌性病害的诊断

对已发病的园林植物进行观察，若发现有以下病状，则可诊断为真菌病害。①坏死型：猝倒、立枯、疮痂、溃疡、穿孔和叶斑病等；②腐烂型：苗腐、根腐、茎腐、秆腐、花腐和果腐等；③畸形型：癌肿、根肿、缩叶病等；④萎蔫型：枯萎、黄萎等。除此之外，病害在发病部位多数具有以下病症：霜霉、白锈、白粉、污霉、白绢、菌核、紫纹羽、黑粉和锈粉等。对病部不容易产生病症的真菌性病害，可以采用保湿培养。

3.细菌性病害的诊断

田间诊断时若发现坏死、萎蔫、腐烂和畸形等不同病状，而其共同特点又是在植物感病部位产生大量的细菌，当气候潮湿时从植物病部气孔、水孔、伤口等处溢出大量黏稠状物——菌脓，可以诊断为细菌性植物病害。若菌脓不明显，可切片镜检有无"喷菌现象"，这是区别细菌性病害与其他病害的简单方法。

4.病毒性病害的诊断

植物病毒病害没有病症，常有花叶黄化、条纹、坏死斑纹、环班、畸形等病状，田间比较容易识别。但有时常与一些非侵染性病害相混淆，诊断时应注意病害的分布、发病与地势、土壤、施肥等的关系；发病与传毒昆虫的关系；症状特征及其变化是否有由点到面的传染现象等。

5.线虫病害的诊断

线虫病主要诱发植物生长迟缓、植株矮小、色泽失常等现象，并常伴有茎叶扭曲、枯死斑点以及虫瘿、叶瘿和根结等。一般通过对病变组织的观察、解剖镜检或用漏斗分离等方法能查到线虫，从而进行正确地诊断。

练习题〉〉

一、填空题

1.植物萎蔫的原因可能有_____、_____、_____。

2.植物病害的病原物主要有_____、_____、_____、_____、_____。

3.植物病害的病状主要有_____、_____、_____、_____、_____。

4.植物病害的病症主要有_____、_____、_____、_____。

二、判断题

1.植物生病就会死亡。（　　　）

2.非侵染性病害也叫生理性病害。（　　　）

3.病状与病症的主要区别是，前者是感病植物本身所表现出来的状态；后者是病原微生物所表现出来的状态。（　　　）

4.植物病毒没有病症。（　　　）

5.发病部位有霉状物、粉状物或粒状物，肯定是真菌性病害，脓状物则是细菌性病害。（　　　）

三、单选题

1.非侵染性病害的表现是（　　　）。

A.点片发生　　　　B.成片发生　　　C.具传染性　　　D.具发病中心

2.锈病和白粉病是（　　　）。

A.真菌病　　　　　B.细菌病　　　　C.病毒病　　　　D.缺素症

3.花叶病主要是（　　　）。

A.真菌病　　　　　B.细菌病　　　　C.病毒病　　　　D.缺素症

4.植物流脓是（　　　）。

A.真菌病　　　　　B.细菌病　　　　C.病毒病　　　　D.缺素症

5.植物病害田间诊断（观察）的主要内容是（　　　）。

A.辨别是否病害，并确定是侵染性病害还是非侵染性病害

B.观察并记载田间分布规律

C.观察并记载新鲜症状

D.以上都有

四、简答题

1.侵染性病害和非侵染性病害有何特点？如何诊断？

2.植物真菌、细菌、病毒、线虫病害有何特点？如何诊断和区别？

学习情境四　草本植物栽培与养护

项目一 >>> 一、二年生草花的栽培管理

学习目标

　　通过学习一、二年草花的栽培管理技术，掌握常见栽培的一、二年生草花种类，草花的育苗方法、苗期管理以及成苗后的水肥管理、整形修剪、花期调控和病虫害防治技术，以期生产出高品质的一、二年生草花。

学习重点与难点

　　学习重点：一、二年生草花的育苗技术、水肥管理、花期调控。

　　学习难点：一、二年生草花的花期调控。

项目导入

　　一、二年生草花种类繁多，花色艳丽，生育期短，且花期相对集中，可达到迅速美化环境的效果，是园林布置的重要材料，特别适合花坛的布置，也是花境与草坪中重要的点缀材料。盆栽草花更是公园、街头和单位彩化、烘托节日气氛不可缺少的装饰品。一、二年生草花栽培管理中有一些非常关键性的技术值得注意，如育苗、栽培土的配制，肥水管理，花期控制、整形修剪等。有合理的栽培管理措施才能培养出高品质的草花。

◎ 一、一、二年生草花定义及种类

1. 一年生草花

在一个生长季内完成生活史的植物，即从播种到开花、结实、枯死均在一

个生长季内完成。一般春天播种、夏秋生长，开花结实，然后枯死，因此一年生花卉又称春播花卉，如凤仙花、鸡冠花、百日草、半支莲、万寿菊、紫茉莉、马齿苋、金鸡菊、向日葵、翠菊、牵牛花等。

2. 二年生草花

二年生草花是指生活周期经两年或两个生长季节才能完成的花卉，即播种后第一年仅形成营养器官，次年开花结实而后死亡，如风铃草、毛蕊花、毛地黄、美国石竹、紫罗兰、桂竹香、绿绒蒿等。二年生花卉中有些本为多年生花卉，但常作二年生栽培，如蜀葵、三色堇、四季报春等。二年生花卉耐寒力强，能耐0℃以下的低温，但不耐高温。苗期要求短日照，在0~10℃低温下通过春化阶段，成长期则要求长日照，并在长日照期开花。

由于各地气候及栽培条件不同，一年生草花和二年生草花常无明显的界限，园艺上常将二者通称为一、二年生花卉，或简称草花。有时也把一些作一、二年生花卉栽培的多年生花卉包括在内，如一串红、矮牵牛等。

◎ 二、育苗

一、二年生草花常用播种繁殖。我国南北气候差异大，草花的播种期依各地气候而异。一般而言，春播花卉播种期，南方地区约在2月下旬至3月上旬，中部地区约在3月上中旬，北方地区在4月上旬；秋播花卉，多在立秋后天气开始凉爽、气温降至30℃以下时播种。华北地区在8月下旬至9月上旬播种，长江流域多在9月上旬至10月上旬播种。

播种苗床常做成高畦，掺入充分腐熟的捣碎堆肥和砻糠灰各20%，并全面泼施人粪尿一次。床土中下层土粒较粗；床面要平，土粒要细。播后覆土，大粒种子覆土厚度约为种子直径的2~3倍，小粒种子覆细土，以不见种子为度；细粒种子也可不覆土，播种后将床面压实，最好用木板镇压，使种子与土壤紧密接触，便于种子由土壤中吸收水分发芽。然后用稻草、塑料薄膜等均匀覆盖，保持环境湿润。

◎ 三、播后管理

播种后温度一般控制在20~25℃，待出苗后撤去覆盖物。出苗前浇水不宜过勤，一般土壤不干则不浇水。需要浇水时，要用小喷壶慢浇，以免将种子冲出。出苗后，为了促进根系发育，需减少浇水次数，以利蹲苗，防止幼苗徒长。浇水以"见干见湿"为原则，即"不干不浇，浇则浇透"。移栽前几天，应停止浇水或少浇水，"蹲苗"能提高移栽成活率。温度高、湿度大时，要通风降湿。为了促进花苗的营养积累，要保持环境存在一定温差，一般白天的温度控制在18~25℃，夜晚控制在12~15℃。

图 4-1 间苗

四、间苗、移植

随着幼苗的生长，小苗会相互重叠、拥挤，应掌握"及时间苗，适时移栽"的原则，及时间苗，加大苗间距，增加营养面积，增加日照和空气流通，使幼苗生长强健、株丛紧密。在子叶发生后即可间苗（如图 4-1 所示）。除杂保纯；选优去劣；疏拔过密苗；同时清除杂草。间苗后立即浇水。

大部分幼苗在长出 1~5 片真叶时就可移植，移植宜在无风的阴天进行。须根多的花卉采用裸根移栽，直根性强的花卉则采用带土移栽。移栽前一天浇一次透水，以减少起挖时损伤根系的几率。花盆选用直径适宜的素烧盆或塑料营养钵。移栽前应准备好盆土，盆土要求疏松、肥沃、通透性好，可用园土 + 粗沙（细炉灰）+ 草炭（腐叶土）配制。盆土酸碱性以中性为宜。

五、定植

图 4-2 定植

将草花幼苗按绿化设计要求栽植到花坛、花境或其他绿地称定植（如图 4-2 所示）。定植前要根据草花种类的要求先在土壤中施入基肥。将培育的幼苗用手连土球整个从底部推出或从盆钵中把幼苗带土球轻轻挖出，尽量不让土球碎散，弄断根须。土壤干燥，容易碎散，所以栽植前最好先浇水。定植时要掌握适宜的株行距，不能过稀或过密，按花冠幅度大小定植，以达到成龄花株的冠幅既互相衔接又不挤压的效果。

六、水分管理

一、二年生草花往往株型较小，种植密度大且根系较浅、茎叶柔软，需水量较大，因此需常浇水。应保持土壤表层 30~40cm 深处经常湿润、但不同种类植株之间需水量有所差异，如银边翠、天人菊、半支莲等较耐干旱，浇水过多往往引起生长不良；虞美人、花菱草、矢车菊宜栽于排水良好的地方，否则根颈部易腐烂；翠菊根系浅，忌水涝，但夏季干旱又很易枯死，管理时较其他种类要精细些。

水分管理还和温度和光照有直接关系，温度高，光照强，蒸发蒸腾量大，需水量就大；温度低，光照弱，需水量就小。浇水的时间应在早晨和傍晚，避免中午浇水。除以上几种情况外，温度高，光照强，空气湿度过小，也易造成植株生态萎蔫。遇到这种情况，应淋水提高环境的空气湿度，或采取适当遮阴的措施等。

◎ 七、肥料管理

应掌握"基肥宜足，追肥宜早"的原则。由于一、二年生草花生育期短，持续生长，没有休眠期（二年生草花虽有一段越冬期，但于早春就可恢复生长，很快进入花期），故要施足基肥。有机肥常在整地时全面撒施并使之与土壤充分混合，化肥可在定植前施入。基肥不用深施，深度为 30~40cm 即可。对于秋播花卉，基肥中速效肥不宜多，以防幼苗在冬前旺长，降低其耐寒力。追肥最好在幼苗定植成活后立即施入，以后每 10~15d 追施 1 次，到开花时停止。追肥以稀薄的速效性液肥为好，一般多用化肥或饼肥水。

◎ 八、整形修剪

整形与修剪是花卉栽培管理过程中不可缺少的一个重要环节。它不仅能调节整个植株的生长机能，促使枝叶苗壮成长、多分枝、开花繁茂，而且又是维持花卉株形良好、增加观赏价值不可缺少的技术措施。

1. 整形修剪方法

一、二年生花卉的整形是通过对茎干、枝叶和花的整理，来达到既使植株造型美观，又调节花卉生长发育的目的。要达到整形的要求，一般多运用修剪、绑扎、支架等园艺技术措施。修剪除指剪截一些不必要的枝条外还包括摘心、剪梢、除芽、除叶、疏花、疏果等。在整形修剪过程中，首先要遵循花卉本身的生长发育特性，再考虑栽培的目的，做合理的整形修剪。如对不易萌发不定芽或基部腋芽萌发很慢甚至不能萌发者，要酌情少剪，即采取轻度短截或疏剪，去除病弱残枝及过密枝叶。相反对容易萌发不定芽或腋芽极易萌动者可进行强剪。

2. 整形方式

露地一、二年生花卉的整形有单干式、多干式、丛生式、悬崖式、攀援式、匍匐式等。

单干式：只留主干一本，不留侧枝，仅使在顶端开一朵或数朵花，如鸡冠花、雁来红、重瓣向日葵等。

多干式：留主枝数本，使之开出较多的花，如大丽花留 2~4 个主枝，菊花留 3、5、9 枝，其余的侧枝全部剥去。

丛生式：生长期间进行多次摘心，促使发生多数枝条，全株成低矮丛生状，开出多数花朵。适于此种整形的花卉较多，如一串红、藿香蓟、矮牵牛等。有的花卉茎叶基生，矮小，分枝多，本身即成丛状，如雏菊、石竹、半枝莲、三色堇等。

悬崖式：这一形式的特点是全株枝条向一方伸展下垂，多用于小菊类品种的整形。

攀援式：只用于蔓性花卉，使藤蔓自然攀援于花架、棚架、篱垣、山石等处，如牵牛花、茑萝、葫芦、丝瓜、观赏南瓜等。

匍匐式：利用某些花卉枝条能自然匍匐地面的特性，将地面覆盖，如金莲花、美女樱、矮牵牛等。

图 4-3　摘心

一、二年生草花的修剪最常用的方法就是摘心（如图 4-3 所示）。摘心是指去掉枝梢顶芽，以促生分枝，达到植株丰满、花数增加、抑制枝条徒长、控制植株高度及延迟花期的目的。

因此在进行摘心时要将不同种类花卉的生长习性和整形的目的结合起来考虑，而不能不分品种的一律对待。对摘心后使花朵变小或不能开花的种类不宜摘心，如鸡冠花、重瓣向日葵等。有的品种本身植株就矮小且分枝较密，也可不摘心，如石竹、雏菊、香雪球、三色堇等。为了使各种花期达到一致，对某些花卉可在所需开花期前的适当时间将植株顶梢全部摘心或进行剪梢，以促使开花适时及整齐一致，如一串红、金鱼草等。

对一般高大而又分枝稀少的植株，欲进行矮化时，可连续摘心数次，如福禄考、百日草、一串红、波斯菊、万寿菊、金鱼草等。

另外，腋芽过多将会造成整个植株枝条过于繁密杂乱，要适时除芽。如花芽过多时为保证顶蕾开花足壮，可将侧蕾适当摘除。为集中养分确保籽粒饱满丰收，疏果也是必不可少的工作。

一、二年生花卉在生长过程中如枝叶繁多，生长过旺时，可适当摘除一部分枝叶以利通风保健。对有病虫危害的叶片或枯黄叶也应摘除，以免影响观赏效果及传播病虫害。

九、花期调控

为使一、二年生草花在节日中准时开放，必须进行花期调控。尤其是每年的"五·一"国际劳动节和"十·一"国庆节，这两个重大的节日对花卉的需求量大，质量要求高，颜色搭配要求也很严格。而很多的草花自然花期并不是在这期间，因此为了在特定的期间开放，必须进行花期调控。

1. 光照调节

光照调节是花卉生产中较为常用的花期调控技术。草花有长日照植物、中日照植物、短日照植物之分，在采用光反应处理前要了解待处理品种的光反应周期类型，再进行补光或遮光处理，如矮牵牛在生长期间补充光照会促使植株开花；为保证一串红在"十·一"开花，可在其生长期用遮阴网缩短日照，延迟开花时期，促进其营养生长。

2. 温度调控

温度是影响草花开花的另一个环境因素。一般情况下，温度越高，草花的生长越快，例如一串红自然花期 6~10 月，一串红在冬季暖棚生长可使花期提前到 5 月份。

3. 水肥调节

浇水是影响草花开花时间的另一个因素。大多数一、二年生草花，在其生长期间，水分充足并施肥适量有利于其提前开花。但水分充足也会使植株偏高。开花末期增施氮肥，可以延缓植株衰老和延长花期。在植株进行一定营养生长之后，增施磷钾肥，有促进开花的作用。

4. 调节播种期

表 4-1 和表 4-2 所示为华北地区"五·一"和"十·一"花坛用花部分草花播种育苗安排。

表 4-1　　　　　　　　　　华北地区"五·一"花坛用花播种育苗安排

种类	播种时间	移栽时间	上盆时间	盛花期	备注
三色堇	上一年 9 月初~10 月初	11 月上旬	4 月 1 日	5 月 1 日	均在冷室
金盏菊	上一年 8 月 10 日~9 月 10 日	10 月中旬	4 月 1 日	5 月 1 日	
金鱼草	上一年 8 月中旬	10 月中旬	4 月 2 日	5 月 1 日	
雏菊	上一年 9 月上旬	10 月中旬	4 月 5 日	5 月 1 日	

表 4-2　　　　　　　　　华北地区"十·一"花坛用花播种育苗安排

种类	播种时间	移栽时间	上盆时间	盛花期	备注
百日草	6月15日	7月10日	8月15日	10月1日	均在冷室
矮翠菊	7月15日	8月5日	8月15日	10月1日	
小丽花	7月1日	7月20日	8月10日	10月1日	
孔雀草	6月15日	7月10日	8月10日	10月1日	
羽衣甘蓝	7月15日	7月20日	8月10日	10月1日	

5. 修剪处理

香石竹、矮牵牛、孔雀草、一串红、国庆菊等都可以通过摘心、摘花蕾控制花期。例如为使"五·一""十·一"达到盛花期，一串红在出花前45d最后1次摘心，矮牵牛提前16d摘心，国庆菊提前50d，万寿菊提前30d，孔雀草提前15d摘花蕾。

6. 化学调节

赤霉素、细胞分裂素、生长素（2，4-D、萘乙酸）用在适当的时期可以促进开花，植物生长延缓剂（矮壮素、多效唑）可延迟花芽分化。

◎ 十、病虫害防治

（一）病害防治

1. 生理性病害

草花在日常养护中，叶片上常出现生理病害。最常见的有以下几种情况。

（1）幼叶变黄或是下部叶片卷曲萎黄并不断脱落，往往是因为浇水过多造成的。但须注意，缺素症也易使幼叶变黄，如缺铁常使喜酸土壤的花卉叶片变成黄白色或叶肉变黄而叶脉仍为绿色。

（2）幼叶尖枯焦，多是由于光照太强、浇水过少或空气太干燥所致。而叶子边缘卷曲，多是由于室内空气过分干燥引起的。

（3）老叶边缘枯焦，常是由于施肥太多、浇水不当造成的。

（4）叶子细长、脆嫩，边缘发黄变焦而脱落多是由于光照不足、空气干燥、盆土太湿、养分不足等原因引起的。

（5）叶子上出现棕色或棕边现象，多是由于日灼或干旱等原因造成的。春季刚出室的花卉、新萌发的嫩叶上最易发生这种现象。

（6）突然落叶，主要是由于温度忽高忽低，光照强度变化太大造成的。

2. 猝倒病

猝倒病主要危害鸡冠花、金盏花、万寿菊等幼苗的基部，淡褐色至褐色病斑绕植株茎基部一周使幼苗倒伏。可用40%五氯硝基苯或50%多菌灵6~8g/m² 进行土壤消毒。幼苗发病时用25%甲霜灵800倍液或75%百菌清600倍液喷防。

3. 立枯病

立枯病主要危害鸡冠花、醉蝶、翠菊等。病株在接近地面的根茎部位呈现水渍状腐烂，叶片萎蔫下垂，病株停止生长，最后枯死。防治方法：用 50% 福美双 500 倍液浇施土壤，喷施 70% 甲基托布津 800~1000 倍液。

4. 霜霉病

霜霉病主要危害矢车菊、虞美人。叶正面有黄色病斑，叶背有灰绿色霉状物。可用 80% 乙磷铝 800 倍液或 80% 代森锰锌 1000 倍液防治，隔 10d 喷 1 次，连喷 2~3 次。

5. 白粉病

白粉病主要危害百日草、金盏菊等。病株叶内卷，嫩梢弯曲停止生长，最后落叶，直至植株死亡。防治方法：可用 15% 粉锈宁 800~1000 倍液或 40% 福美砷 600 倍液防治。

6. 灰霉病

灰霉病主要危害香石竹、三色堇等植株的花、叶。病株花瓣边缘变暗色并枯萎，后期潮湿时，其上出现灰色霉层。感病叶片初期形成水渍状斑点，病斑褐色，干后皱缩，发病后期产生灰色霉层。发病初期可用 50% 多菌灵 500 倍液或 75% 百菌清 500 倍液防治，隔 7~10d 喷 1 次，连喷 2~3 次。

（二）虫害防治

主要虫害有红蜘蛛、蚜虫、白粉虱、美洲斑潜蝇、草地螟等，可喷洒阿维菌素、虫螨克、辛硫磷乳油、抑太保等防治虫害。

实训一 〉〉万寿菊盆花生产实训

一、实训目的

通过万寿菊的生产栽培实训，掌握万寿菊播种量计算、基质配制、播种操作以及土、肥、水、花期调控等栽培管理措施和病虫害防治技术，以保证生产出高品质的盆栽万寿菊。

二、实训材料和用具

材料：草炭、蛭石、穴盘、万寿菊种子、多菌灵、含钙复合肥料（13-2-13-6Ca-3Mg）和氨态氮（20-10-20）复合肥。

用具：铁锹、花铲、喷雾器、天平、12cm 花盆。

三、实训步骤

1. 播种量计算

根据购买种子的发芽率、纯净度和损耗系数计算所需的播种量。

2.基质配制

采用 128 目穴盘播种。基质配制采用草炭和蛭石按 3：1 的比例混合。

3.基质消毒

每 1.0m³ 基质加 50% 多菌灵粉剂 250g 拌匀后装入穴盘。

4.播种

每穴 1 粒种子，确保种子落在穴孔正中。用直径在 0.1~0.5cm 的蛭石覆盖，厚度 1cm。浇一遍透水，然后用塑料薄膜覆盖保湿。

5.标签

做好标签，注明品种、花色、播种日期等。

6.穴盘苗管理

（1）温度　出苗前温度保持在 22~24℃，出苗后降至 20~21℃。长至 3 对真叶，温度可降低至 15℃。

（2）光照　子叶充分展开时即可见光，光照强度为 4500~7000lx。

（3）水分　子叶出土前基质保持湿润，真叶长出后浇水掌握"见干见湿"原则。

（4）施肥　真叶长出后每隔 10d 时间交替施用 100~150mg/kg 的 20-10-20 和 14-0-14 水溶性肥料。

7.上盆

幼苗长至 4~6 片真叶时移植上盆。用 12cm 口径的营养钵。基质同播种基质。

8.上盆后管理

（1）温度管理　上盆后温度控制在夜间 10~15℃，白天 18~23℃。

（2）光照管理　万寿菊为阳性花卉，喜强光照，缓苗后接受全日照。

（3）水分管理　基质应见干见湿。对已现蕾的植株在浇水过程中不要将水滴在花朵上，以免烂头。

（4）肥料　采用 20-10-20 和 14-0-14 复合肥，以 200~250mg/kg 的浓度每 10d 交替施用一次。

练习题 〉〉

一、填空题

1.一、二年生草花施肥应掌握_____的原则。

2.常见的一年生花卉有_____、_____、_____、_____等；常见的二年生花卉有_____、_____、_____、_____等。

3.可以通过摘心调节花期一、二年生草花有_____、_____、_____、_____等。

二、判断题

1.间苗一般在子叶长出后就可进行。（　　）

2.间苗之前几天要停止浇水，保持土壤干燥。（　　）

3.细小粒种子播种后可以不用覆土。（　　）

4.草本花卉的中耕、除草宜在浇水、施肥后进行。（　　）

5.早春开花的种类大多为二年生花卉。（　　）

6.幼叶变黄或是下部叶片卷曲萎黄，且不断脱落，就是因为浇水过多引起的。（　　）

7.鸡冠花栽培过程中不能摘心，因为摘心会影响其开花质量。（　　）

8.采用良好的种子是一、二年生花卉育苗的关键之一。（　　）

三、名词解释

1.间苗

2.一、二年生花卉

四、简答题

1.一、二年生草花如何进行花期调控？

2.试述在"五·一"和"十·一"期间，分别可以选择哪些一、二年生花卉进行花坛布置。

项目二 >> 盆花的上盆与换盆

学习目标

　　通过学习上盆与换盆，掌握盆花盆土的配制、花盆选用、上盆和换盆时期的确定以及操作等知识和技能，为生产出高品质的盆花奠定基础。

学习重点与难点

　　学习重点：上盆时间确定、盆土配制、花盆选择、上盆操作、换盆时期、换盆操作。

　　学习难点：上盆和换盆时期、盆土调制、上盆和换盆操作。

项目导入

　　在盆花栽培过程中，将花苗从苗床或育苗容器中取出移入花盆的过程称为上盆，也称登盆。花苗在花盆中生长了一段时间以后，植株长大，需将花苗脱出，结合整形修剪，去掉残老腐朽根须，促进新根再生，换栽入较大的花盆中，这一过程称为换盆。上盆或换盆的时间选择是否适宜、盆土配制是否得当以及操作是否正确，都将影响到盆花的生长。因此掌握正确的上盆和换盆技能，是保证盆花能正常生长的必要条件。

一、上盆

（一）上盆时间

掌握正确的上盆时间是生产优质盆花的重要保证，也是安排茬口、清理场地、合理安排劳动力、顺利完成上盆任务的依据和前提。一般以苗的大小（形态苗龄）为依据决定上盆的时间。在叶片相互接触时开始上盆，在苗生长拥挤前完成。

日历苗龄（播种至上盆的天数）和生理苗龄（所处生长发育的阶段）也不能忽视。几乎每一种播种繁殖的草花，都有一个最佳的上盆苗龄。如果到了一定日历苗龄时苗还不能长到一定大小，这种苗就是僵苗，缺乏活力，长不出好花；如果一定日历苗龄后还不及时上盆，则正常的苗也会老化，长不出好花。但适宜的日历苗龄也是有一定弹性的，适当早上盆有利于发棵，但过早上盆也会造成资源浪费和大盆小苗状态引起的生长受抑；适当晚上盆（尤其是钵栽苗）可以从容调节茬口，提高保护地利用率，但过迟上盆会严重影响盆花质量。僵苗和过期的老化苗宁可丢弃也不能滥竽充数。

夏季选择下午、阴天，冬季选择温暖无风的晴天上盆有利于缓苗和上盆初期管理。冬季上盆时棚温要在5℃以上，夏季要注意遮阴。

（二）上盆准备

（1）盆土　盆土通常是几种材料混合配制的。好的盆土土质松软，肥力充足，排水透气良好，酸碱度适宜，干燥时土面不开裂，潮湿时土面不紧密成团，灌水后土面不板结。盆土要根据不同花卉对土质的不同要求配制。例如秋海棠、樱草、瓜叶菊等秋播花卉，生产时间短，宜用富含腐殖质的轻壤土。此种盆土可以用50%~60%的堆肥或泥炭，40%黏质土，10%沙土混合配制。有的花卉如天竺葵、猩猩木等，根系较粗大，穿透能力强，要求排水条件良好的盆土，在配制盆土时，可用50%~60%黏土，30%~40%腐叶土或堆肥，10%沙土混合配制。

（2）确定花盆　按经济价值、栽培目的、目标市场、株型大小，分别使用规格为5寸、小5寸、4.5寸、4寸的瓦盆或18cm、16cm、14cm、12cm的塑料盆或13cm×13cm、12cm×10cm塑料钵。未用过的新盆及干燥的瓦盆应浸水"退火"，旧瓦盆要露地淋雨并视情况消毒后使用，旧塑料盆也要视情况消毒。一般花盆的盆底排水孔都比较小，最好事先用尖锤把底孔砸大，或者砸出一条较长的缝隙，再根据花卉耐湿力的大小，垫上几块碎瓦片作透水层，也可防止盆土从底孔漏掉。

（3）上盆前要对苗进行适当控水、加大通风并减少遮阴，炼苗可使苗生长健壮，有利于缓苗和适应定植后的环境。

（三）起苗、运苗

（1）检查土壤（地栽分苗）或基质（穴盘、营养钵分苗）干湿情况，如过干需先浇水，约 3~5h 浮水干后起苗、运苗。

（2）露水过大时叶片脆嫩，需待露水干后起苗、运苗。

（3）地栽分苗的幼苗，起苗时挖土深度应根据苗的大小而定，一般为 6~10cm，不得过浅，以防严重伤根。

（4）苗的起、装、运、卸必须轻拿轻放。卸苗不得硬拉，谨防伤叶。

（5）起苗时须剔除病弱苗、多头苗、徒长苗、伤残苗。

（6）运苗时须避开恶劣天气。寒冷天气运苗时注意防寒防风，夏季高温烈日要注意防捂防晒。

（四）上盆

脱盘、脱钵、取苗、理叶和控制土坨栽植深度都属于精细操作，上盆时一般要求徒手操作；如需戴手套，也只能戴轻薄的尼龙或橡胶手套。上盆前应根据苗木大小、生长快慢选择适当规格的盆，切忌小苗上大盆。怕积涝的花卉盆底应垫 1~3cm 厚的粗渣作排水层。陶瓷类花盆需用碎瓦片垫盆深的 1/5~1/3，做排水通透处理。然后按植株大小填一部分土，对于裸根上盆的植株应先在盆中心堆成土丘，把根系披在丘上放正，左手扶苗，右手填土，随填土把植株轻轻上提，使根系舒展下垂。根须长的将其理顺并盘在盆内。将苗栽好后轻轻把土墩实，切忌用力按压。上盆步骤如图 4-4 所示。根丛带土上盆，也须把根须理好，植株栽正。

上盆栽植时要注意以下事项：

（1）栽中不栽偏　苗必须栽在盆的正中央。

（2）栽正不栽歪　苗要栽得竖直向上。

（3）栽植深度要适当　一般过原土坨 0.5cm 左右，不能埋心，不能露肩。栽得过浅，将来植株摇晃，无商品价值。栽得过深，影响出叶、发棵，易感病害。茎基部易生不定根的花卉，可以适当深栽。如分苗阶段栽植过深或过浅时，上盆时应适当调节。如有矮化要求（如菊花）时，应视情况尽量深栽。

（4）装土满浅要适宜　整盆装土要适中，留沿口（盆土至盆口的距离）1~2cm 为宜，不能装得突出盆口或装土太浅，因此应视苗坨大小来决定垫土多少。小丽花等块根要膨大的花卉，装土要适当浅些；菊花等植物在生长期间需加土的花卉，最初只上半盆土，盆底不要垫土，或只垫很少土。

（5）装土要均匀　不能一侧多一侧少，一侧实一侧虚。

（6）松紧要适中　松不能浇水后盆土下陷过多，甚至苗坨露肩；紧不能插不进手指。

（7）缝隙要摇实　不能有大的孔隙，甚至半边空的情况。大土块应捏细，装好土后应三摇两磕。

(1) 盆底垫碎石　　　　　　(2) 填土　　　　　　(3) 施底肥

(4) 再填土　　　　　　(5) 放苗　　　　　　(6) 填土

(7) 压实　　　　　　(8) 留沿口

图 4-4　盆花上盆步骤

（8）根叶要舒展　根系、叶片要舒展，根不能被挤得弯曲、成团。裸根苗上盆时，垫土应成圆锥状，以使根系分布得舒展、均匀。

（五）上盆后管理

1. 浇水

首次浇水要及时，要浇透。上盆后视天气情况喷水防蔫，全部上完后要浇透水，可分当晚和翌日清晨两次浇水。浇水要透而不板，透而不漏（水刚从盆底流出为准），不能急水猛冲，不能积水。首次浇水不浇透会造成僵苗不发，浇水过度会造成黄化烂根。冬季要浇已在水池中加薄膜增温 5d 以上的温水。中午可在叶面适当喷水防蔫。

2. 遮阴

地栽苗上盆后依据季节不同安排不同的遮阴方式方法，一般上午 9:30~10:30

及下午 3:30~4:30 遮阴，共进行 5~7d。穴盘、营养钵分苗的，上盆后可以不遮阴、少遮阴或按规定光照要求管理。

◎ 二、换盆

因盆栽花卉受花盆空间限制，盆栽营养土数量有限，又因时常浇水从而引起盆中水溶性营养成分的渗失和花卉根系不断吸收水分而使水分损耗殆尽。加之土壤长时间浇水引起的板结现象，往往使一盆花卉开始是盛花，第二年开花无几，枝叶枯萎，或有绿叶而无光泽，若再年复一年地摆弄，必然会缺乏生机，出现早衰或枯死。因此要使盆花生长正常，花开艳丽，保持旺盛的生命力，每年都能更新花卉，必须进行换盆。

（一）苗期和成熟植株的换盆

盆栽花卉的换盆，可分苗期生长换盆和成熟植株换盆两类。从小苗分栽移植到直径 16cm 的盆，再由直径 16cm 的盆换为直径 24cm 的盆，直至植株成熟，当年即可获得盛花植株，这是属于小苗生长换盆的情况。将休眠植株换植入直径 24cm 的盆，去除旧土换新的营养土盆栽，属于成熟植株换盆的情况。换盆绝非指单一的更换大小不同的花盆，也非指单一的更换新配制的营养土，而是根据花卉生长发育特性需要，进行换盆和换营养土的工作。

（二）换盆时期及频率

给幼苗换盆应掌握合适的时期，过早或过迟换盆均不利于花卉繁育。对多数花卉来讲，刚刚看到盆底排水孔露出白色须根时，即为换盆期，这时应将其换入大一号盆中。盆栽花卉换盆一般在 3、4 月份进行为宜，北方可在 5 月或秋季 9~10 月进行。此时气候温和，光照适中，水分蒸发量小，有利于换盆后的缓苗和生长。如立春之后，对于即将萌动的花卉如菊花等，栽种多年，盆已过小，有效养分耗尽，应在此时进行翻土换盆最适宜。早春开花的君子兰、春兰等，可在花朵凋谢后换盆，或初夏雨季来临之前换盆；夏天开花和秋季开花的花卉，都适宜在发新梢前的立春后进行换盆；对喜暖花卉如珠兰、昙花、令箭荷花等，应在过了清明后再换盆。对夏季休眠而秋冬开花的仙客来、蟹爪兰等，应在入秋前换盆。小苗生长期的带土球换盆时间，则依据苗木生长的实际，凡不适应在过小的花盆中生长者，就要及时换盆。

对于一、二年生草花，在整个生长过程中需换盆 2~3 次。对于成熟植株，宿根花卉一般每年换盆一次，木本花卉 1~3 年换盆 1 次。观赏性的松柏类花木，因生长缓慢，可 3~4 年换盆一次。

（三）换盆营养土的配制

盆花换盆所需营养土，应具有土质疏松和团粒结构性能，富含花卉所需的各种营养原料和具备持久的肥效以及持有微酸性的土壤化学性质等三方面综合要求。一般要求既有透水性含有足够的土壤空气，同时又要有较好的保水性，才是理想的营养土。盆土多为人工调制的培养土，配制如下所示。

二年生草花：腐叶土 30%、园土 55%、河沙 15%；

宿根类花卉：腐叶土 35%、园土 45%、河沙 20%；

木本花卉：腐叶土 30%、园土 50%、河沙 20%；

换盆时，可在培养土中增施少量骨粉、过磷酸钙。此类肥料不能直接撒在根下边，要在增施底肥上撒上一层细的营养土隔开，避免烧根。

（四）换盆操作

在换盆前两天或三四天（大盆）停止浇水，使盆土略干燥，看见盆土与盆壁间有小缝时进行换盆最为安全。在换盆时将花盆横置放好，或是将小花盆用左手掌倒托起，然后用右手掌拍击花盆靠近排水孔的盆边，植株即可带土一齐脱出花盆。刚脱出花盆的植株根系，在盆土边沿分布有密集的白色须根，用竹扦挑松须根，然后剔除大部分陈土，保留下 1/3 的陈土，带土移植于新盆。

在新花盆的排水孔上，垫上瓦片，加入核桃大小的硬土团，大盆可加至 13cm 左右，然后撒少量骨粉、过磷酸钙，再盖 3cm 营养土，将植株根系四周分散开，植入培养基中，扶正植株，覆盖营养土至根颈部，再用竹扦扎实盆沿四周土壤，土面与盆沿留 2~3cm，透浇定根水。换盆应在阴凉天气或晴天下午进行，再置盆于阴凉通风处 2 个星期后，才能接受阳光照射，进行正常管理。

换盆操作过程中的注意事项如下。

1. 使用新盆前的技术处理

凡用新盆换盆花前，都应先放在清水中浸泡一昼夜，刷洗、晾干后再使用，以除却燥性和碱性。若使用旧盆，一定要先消毒、杀菌，以防止带有病菌、虫卵。方法是先将旧盆放在阳光下曝晒 4~5h 后，喷洒 1% 的福尔马林溶液密闭 1~2h，敞晾 5~6h 再用清水洗净，洗时用刷子内外刷洗干净，清除可能存在的虫卵等。

2. 选择相应口径的花盆

应根据植株大小选用花盆，要求花木冠幅多大就选择多大口径的花盆。有人为节省小盆换大盆的麻烦，常喜欢用大盆养小花，这样做对花卉生长十分不利。因为花小需要的肥水少，而盆大土多，不仅浪费，而且往往不易掌握水肥量，反而影响了花卉的正常生长，还会出现养分缺乏而生长慢，难以开花的现象。

3. 花盆底部的处理

上盆前，要先将花盆底部的排水孔用 1~2 块碎盆片盖上，使之呈"人"字形，使排水孔"盖而不堵，挡而不死"，水分过多时能使水分从碎盆片的缝隙中流出去，避免盆内积水造成植株根系窒息。换栽君子兰、兰花、郁金香等名贵花木，盆底除多垫几块碎盆片外，还应垫些煤渣或小碎石块，以增加排水能力，解决通气性等问题。

4. 正确地栽植花木

花卉植株必须放入盆中央，扶正后四周慢慢加入营养土，加到一半时轻轻压实，使植株与土紧密结合。对不带土坨的花木，当营养土加到一半时应将植株轻轻向上悬提一下，使根系伸展，然后一边加土一边把土压紧，直至距离盆沿 2~3cm 为止。

实训二 〉〉 吊兰盆花换盆实训

一、实训目的

通过吊兰盆花的换盆实训，掌握换盆时盆土调制、盆花脱盆、修剪、上盆等操作技能，以期能生产出高品质的吊兰盆花。

二、实训材料和用具

材料：腐叶土，园土，河沙，多菌灵，骨粉适量，吊兰盆花。

用具：铁锹、花铲、喷雾器、天平、24cm 花盆。

三、实训步骤

（1）挑选需换盆植株 检查盆底，发现盆底排水孔有白色须根露出来的吊兰盆花，则需换盆。

（2）培养土调制 按腐叶土 35%、园土 45%、河沙 20% 的比例铲取土壤，充分混匀。

（3）土壤消毒 配制 800 倍液的多菌灵消毒液，喷洒于培养土上，喷至土壤潮湿为宜。

（4）植株脱盆 将花盆横置放好，用右手掌拍击花盆靠近排水孔的盆边，花卉植株即可带土一齐脱出花盆。

（5）修剪 用竹扦挑松土坨边沿分布的密集的白色须根，然后剔除大部分陈土，保留下 1/3 的陈土，将老根、烂根剪除。

（6）上盆 在新花盆的排水孔上，垫上瓦片，加入核桃大小的硬土团，然后撒入 20g 骨粉，再盖 3cm 厚营养土，将植株根系向四周分散开，植入培养基，扶正植株，覆盖营养土至根颈部，再用竹扦扎实盆沿四周土壤，土面与盆沿留 2~3cm，透浇定根水。

（7）养护 将换后的盆花置于阴凉通风处。

练习题 〉〉

一、填空题

1. 盆栽花卉换盆一般在____月份进行为宜。

2. 一、二年生草花，在整个生长过程中需换盆____次。宿根花卉一般每年换盆____次，木本花卉____年换盆____次。松柏类花木，因生长缓慢，可____年换一次。

3. 仙人掌类植物为使它毛刺光亮，花色艳丽，可在盆土中加入____。

4. 地栽花卉分苗时，起苗深度应根据苗的大小，一般为____cm，不得过浅，以防严重伤根。

5. 早春开花的花卉，如君子兰、春兰等，可在____时换盆。

二、判断题

1. 新购买的花盆由于没有使用过，不会沾染病虫害，可以不加处理直接使用。（   ）

2. 上盆时为了使植株根系旺盛，可以栽植得略微深些，一般比原土坨深2~3cm。（   ）

3. 小丽花等以后块根要膨大的花卉，装土要适当浅些。（   ）

4. 盆土中施用骨粉、过磷酸钙时，可以将肥料撒在根下边，促进根系的吸收。（   ）

5. 带土球的花卉换盆，根据需要可以随时进行。（   ）

三、简答题

1. 根据花卉种类如何进行配制盆花培养土？

2. 如何根据花卉的特性确定适宜的换盆时间？

◯ 项目三〉〉盆栽百合栽培技术

学习目标

通过学习盆栽百合的栽培技术，掌握适合盆栽百合的品种选择、种球消毒和栽培基质的配制以及种球栽种、肥水管理和花期控制等技术，以期生产出高品质的、在春节前能按时开花的盆栽百合。

学习重点与难点

学习重点：盆栽百合的栽种和花期控制技术。

学习难点：盆栽百合的肥水管理和栽培中的"烧芽"现象的防治技术。

项目导入

百合是春节花市的主要盆花之一，非常适合在冬季生产，且有良好的经济效益，但百合生产有一些非常关键性的技术值得注意，如选择品种、种球规格、栽培土的配制、肥水管理、不同生长期的光照要求、花期控制等都是值得注意的。只有抓住了一些细节才能生产出高品质的百合盆花。

一、品种选择

应选择颜色鲜艳，花朵数量多，植株较矮的品种进行栽植。

二、种植规程

1. 栽培基质

理想的盆栽基质应该是营养丰富、通气性良好和无病虫害，同时还应具有良好的化学性质，即百合生长所需要的 pH 范围，不同类型的百合对基质的 pH 有不同要求，亚洲和麝香百合类型的 pH 在 6~7，而东方型百合的 pH 在 5.5~6.5。配方可采用泥炭：椰糠：河沙 =3：1：1，pH 5.5~6.5。基质应采用未使用过的，如果是二次使用必须消毒。消毒方法：40% 福尔马林配成 1：100 倍药液泼洒基质，用塑料薄膜覆盖 5~7d，然后揭开薄膜晾晒 2 周即可使用。

2. 种球消毒

种球种植前也应严格消毒，先将鳞茎表面发霉的种球单独挑出，再分批用 500 倍多菌灵或 800 倍甲基托布津溶液消毒 30min，在阴凉处晾干后种植。

3. 栽培设施

在深圳地区，冬、春季节的气候适合百合生长。一般情况下可以不用保护栽培设施，但开花期会受气温的影响。为了准确控制花期，应具备适当的保温栽培设施，可用标准塑料薄膜大棚，也可用临时搭建的竹木结构拱形薄膜大棚。

4. 种植时间

花期预测关系到整个生产的经济效益，种植时间要根据种球的品种和种球的开花期望时间而定。亚洲百合系列相对来说生产期较短，依品种不同，一般为 60~90d；而东方百合系列的生产周期一般为 80~130d。因此种植者在订购种球时应向供货商详细了解品种的生态习性、生长周期和生长积温，以便能根据当地的气候条件准确地预测花期，如东方型百合品种 "gazerStar" 在深圳地区作为年销花的生长周期是 100~120d。

5. 种植花盆和种球数量

按照百合球茎大小和盆的规格，每盆种植球茎的个数如表 4-3 所示。

6. 种植

鳞茎从冷库取出后，缓慢升温，不可日晒，放置12h后立即种植。种植百合时，应选择大小一致、无病虫害的种球进行种植，这样能保证每盆内单株百合生长的一致性。种植时花盆底部装有 4~5cm 的基质，多球定植时，种球的头部朝花盆边缘放置，填入基质，种球顶部覆土厚度为 8~10cm。种球种植后立即浇透水，

表 4-3　　　　　　　　　　百合盆栽种球个数与花盆大小的选择

球茎大小	花盆规格及对应的种球数（个）			
周径 /cm	9cm	12cm	16cm	19~20cm
16~18			1	3
14~16	1	1	1~3	3
12~14	1	1	3	5
10~12	1	1	3	5

置阴凉处或生根室生根，温度控制在 10~12℃。在种球萌芽长出地面而叶片未伸展开时（即茎根长出前），如发现幼苗在花盆中分布不太均匀，此时可以将整株百合小心地从花盆中取出，重新均匀地栽植于花盆中，浇透水。在种球芽长 8~10cm 时移出，放入光照充分处养护管理。

三、日常管理规程

1. 水分管理

浇水时要求水分的含盐量在 0.5μS/cm 或更低。如果水分的含盐量超过了该标准，则要求百合的栽培基质保持湿润，以防止盐浓度过高。百合种球上盆后，最好用带嘴的水壶浇透水，使百合鳞茎的根与土壤结合得更紧密。浇水的时间最好在早上或上午温度较低的时段，浇 2~3 次透水后能保证百合种球芽的萌发，20~25d 后，百合开始现蕾，此时要适当减少浇水次数，同时不能将水分浇到叶面，避免"叶烧"。大约一周后，花梗开始伸长，表明"叶烧"结束，此后在浇水时可以采用喷水的方式进行浇水。在花蕾生长后期要保持水分充足，避免因栽培基质过干而引起落蕾或花蕾干缩。

2. 肥料管理

百合是鳞茎类花卉，在生长期间施用 2~3 次肥即可。重点要抓住花芽分化前（种植后 27d 前）和花蕾膨大期（种植后 40~110d）的施肥。当新芽长至5~8cm 高时，茎部的根发育健全，植株长势增快，此时需要添加肥料才可以满足植物的生长需求。第一次施肥大多施用硝酸钙，每盆大约 5g，或采用叶面施肥（施肥配方为 0.2% 尿素 +0.3% 磷酸镁 +0.1% 硼酸），使植株粗壮，促进花芽分化；第二次施肥在花蕾生长期，可施用磷钾肥（配方为 0.3% 硝酸钾 +0.2%磷酸二氢钾）。每次施肥后要注意用清水洗净植株，避免烧叶现象，同时要注意控制栽培基质的总盐含量。

3. 光照

百合需要中高度的光照强度（2500lx）。百合的株高与光照密切相关，光强越高，植株越矮。因此在盆栽百合的栽培期间，花盆间要留出足够的空间以获得较矮的株形。盆栽百合在不同生长期对光照强度有不同的要求，在现蕾期需进行遮光处理，可遮去 50%~60% 的光照；在其他生长时期，需加强光照，尤其是在花朵发育期。光照不足会造成植株徒长、花色变浅和花朵开放时间缩短的现象，对于亚洲型百合还会引起盲花，而对东方型百合此后果不明显。

4. 温度

百合种植后，最初的温度应控制在 6~13℃，维持两周时间左右，期间温度可以逐步升高，以促进茎根的生长。在百合的生长周期中，营养物质和水分主要是通过百合的茎根吸收的，温度过低会延长百合的生长期，而温度高于 15℃会引起盆栽百合根冠比失调，使植株的地上部分生长过旺，从而导致产品质量降低。在茎根形成后，东方型百合的适宜温度范围是 15~25℃，最佳温度是 15~17℃，低于 15℃会导致落芽或叶片变黄，高于 25℃会影响植株的高度和花芽的正常生长。

5. 植物激素矮化处理

植物生长调节剂可选用多效唑（PP333）、矮壮素（CCC）和嘧啶醇等。可采用浸球法和喷雾法，前者在种植前将鳞茎放在多效唑中浸泡可控制高度。根据鳞茎的大小，浸泡时间为 1~5min。不同类型植株使用的激素浓度不同，亚洲型百合使用激素浓度为 80~100mL/L，东方型百合使用激素浓度为 200~300mL/L；麝香型百合使用激素浓度 150~200mL/L。后者在生长期进行，一般处理 2 次，常采用多效唑，浓度为 200~300mg/L，当植株高度为 5~10cm 和 15~20cm 时，用多效唑溶液喷透叶面，直至在叶的两面均形成水珠为止。采用蕾前喷雾的方法比较安全，现蕾后应停止喷雾，否则会造成花蕾畸形。喷后要求温度控制在 15~20℃，如需再次喷药，应间隔 1 周以上。

6. 花期调控

盆栽百合的供应期一般在重要节日期间，因此，通过控制百合的生长进程来调控花期特别重要。常用的方法有：采用保温、加温措施可促进发育；叶面喷施磷酸二氢钾（0.1%）可促进花的发育；增施氮肥、降低温度、减少光照、遮阴等可延缓花的生长发育。

例如，为了确保火百合在春节准时开花，应从春节前 35d 起对植株的生长进程进行调控。一般在春节前 35d，花蕾长度为 3~4cm，春节前 20d，花蕾长度为 4.5~5.5cm，春节前 10d，花蕾长度为 7~8cm，春节前 3d 花蕾长度为 9.5cm。对应上述标准，采用催花或延迟开花的措施。催花时温度要求较低，夜间达到 15℃即可；如果春节前 10d 花蕾才 5cm，必须将温度升到 24℃以上才能使其准时开花，这时花蕾偏小，植株稍微徒长。

四、病虫害防治

1. "叶烧"现象与防治

东方型百合在种植过程中易发生"叶烧"现象，"叶烧"是百合在种植时的一种生理病害。如火百合在种植后 25d 左右大多品种会发生"叶烧"现象，从花蕾刚出现时开始至花茎开始伸长时结束。"叶烧"的主要症状表现为幼叶稍向内卷曲，数天之后，叶片上出现黄绿色到白色的斑点。若"叶烧"程度较轻，植株还可以正常生长。若"叶烧"严重，白色斑点可转变为褐色，植株受伤处叶片弯曲。在很严重的情况下，所有的叶片和幼芽都会脱落，植株停止生长，这称之为"顶烧"。

造成叶烧的原因主要有以下几点。

（1）生理原因　当植株吸水和蒸发之间的平衡被破坏时即会出现"叶烧"。这是吸水或蒸腾不足引起幼叶细胞缺钙的结果，使细胞受损伤并死亡。在温室中相对湿度的急剧变化以及根系发育较差时，可发生"叶烧"现象。土壤盐含量较高以及相对于根系来讲植株生长过快，也会造成"叶烧"现象。

（2）光照影响　一般认为，天气的急剧变化，比如长时间阴雨天后突然转晴，会直接导致"叶烧"的发生。其实，在这种天气急剧变化之前，植株就已经因缺钙而造成了一定的生理伤害，天气的变化只是加速了这种现象的发生。

（3）相对湿度影响　生长过程中相对湿度过高降低了植株的蒸腾，降低了钙元素的转移，导致植株缺钙。

（4）品种差异　有些品种如"Star Gazer""Acapulco""Tahiti"等属于敏感品种，容易发生"叶烧"。

（5）种球大小　大规格种球(16/18 以上)比较小规格种球易于发生"叶烧"。

发生此现象时切忌施用任何农药，可采用以下措施：①确保植株能保持稳定的蒸腾。在晴朗、干燥的天气情况下，采取遮阴、喷水等方式来达到降温、增湿的效果。在阴雨天的情况下，采用循环风扇通风的方式，增加空气流通，增加植株中水分的蒸腾。在东方百合对外界环境敏感性增强时，应避免温室中温度和相对湿度有较大的变化，尽量保持相对湿度在 75% 左右。②保持干燥，避免植株上长时间积水，应尽量不使用顶部喷淋，保持植株及温室内干燥。③增施钙肥，如硝酸钙，可通过根部施肥或叶面施肥的方法进行，但要选择正确的生长阶段，保证每一片新叶在发生钙缺失之前吸收到足够的钙。光照不足会增加"叶烧"的可能性，可以应用人造光来帮助提高植株的蒸腾，减少"叶烧"的发生。但要注意，如果方法不正确，可能导致相反的结果。④选择恰当品种，选用对"叶烧"不敏感的品种，若无法避免，应尽量选用小规格种球。⑤种植方法适当，种植具有良好根系的种球，种植深度要适宜，在种球上方应有 8~10cm 的土层。

2.病虫害及其防治

常见的病害主要有灰霉病、立枯病和青霉腐烂病，防治方法有以下几种。

（1）尽量保持环境通风、低光照和低湿度的条件。

（2）灰霉病发病前喷洒 65% 代森锌 600 倍液保护，发病初期喷洒 50% 多菌灵或 50% 托布津 500~600 倍液，或 75% 百菌清 600~800 倍液；立枯病发病初期用 50% 代森铵 300~400 倍液浇灌根际，用药液 2~4kg/m³；青霉腐烂病发病前开始喷洒 58% 甲霜灵锰锌可湿性粉剂 800 倍液或 64% 杀毒矾可湿性粉剂 500 倍液、72% 杜邦克露可湿性粉剂 700 倍液，对上述杀菌剂产生抗药性地区可改用 60% 灭克可湿性粉剂 900 倍液。主要害虫有蚜虫和粉虱，可用氧化乐果进行防治。

实训三 > > 百合品种 "Star Gazer" 盆栽实训

一、实训目的

通过学习盆栽百合的栽培技术，掌握适合盆栽的百合品种选择、种球消毒和栽培基质的配制以及种球栽种、肥水管理和花期控制等技术，以期能生产出高品质的在春节前能按时开花的盆栽百合。

二、实训器材

10 号花盆若干，周径 16~18cm 百合种球，百菌清粉剂 1 袋，塑料桶若干，基质适量。

三、实训步骤

（1）配制 盆栽百合的栽培基质，配方可采用泥炭∶椰糠∶河沙 =3∶1∶1，pH 5.5~6.5。

（2）百合种球消毒 消毒前配制 500~800mg/L 的百菌清溶液若干升，将百合种球放入消毒液中消毒 30min 后捞出，晾干。

（3）种球种植 选用 10 号花盆，内填栽培基质 5~6cm，每盆均匀竖直放入生长基本一致的 4~5 个种球，固定后填入栽培基质至花盆上缘 1~2cm 处，确保种植深度在 8~10cm 以上。

（4）浇水 第一次用带花洒的水管浇水，直至水从盆底流出为止，以后浇水只需表土湿润即可。

（5）扶正 大约 1 周后，待百合芽长出土面，如有分布不均匀或长歪者，需要将百合苗扶正，扶正时需移动百合球，以便于百合苗均匀且直立生长。

（6）"烧叶"及解决措施 百合的"烧叶"与品种有关，一般在百合种植 3~4 周出现"烧叶"现象。此时，可采用剥开花芽、加强空气流通、避免湿度变化等措施来减轻"烧叶"对百合花芽带来的损害。

（7）施肥 在百合种植的第 4 周进行第一次施肥，施用硝酸钙，每盆大约 5g，可采用液肥直接浇灌的方法；第二次施肥在花蕾生长期，可施用磷钾肥，配方为 0.3% 硝酸钾 +0.2% 磷酸二氢钾。每次施肥后要注意用清水洗净植株。

（8）花期控制　百合的花期控制主要通过栽种时期、温度、施肥、激素处理等方法控制。百合花蕾有前期长得较慢，后期长得较快的特点，一般在花蕾长 9cm 左右，花朵露色后 1~2d 就会开花。根据这些特点，在后期可采用加温或降温的方法来控制盆栽百合的花期。

◎ 练习题 〉〉

一、填空题

1.百合为无皮鳞茎，常用自然分球的方法进行繁殖，在正常茎的地下部的节上腋内发生的小鳞茎，称为_____，在正常茎地上部腋内形成的小鳞茎，称为_____。

2.郁金香、百合在_____时期进行花芽分化。

3.水仙、百合的茎是属于_____组织。

4.球根花卉中，属于鳞茎类的花卉有_____、_____、_____等；属于、块茎类的有_____、_____、_____等。

5.可以通过分球方式进行繁殖的球根花卉有_____、_____、_____等。

二、判断题

1.不同类型的百合对基质的 pH 有不同要求，亚洲和麝香百合类型的 pH 在 6~7，而东方型百合的 pH 在 5.5~6.5。（　　　）

2.种植时花盆底部装有 2~3cm 的基质，多球定植时，种球的头部朝花盆边缘放置，填入基质，种球顶部覆土厚度为 8~10cm。（　　　）

3.在种球萌芽长出地面而叶片未伸展开时（即茎根长出前），如发现幼苗在花盆中分布不太均匀，此时可以将整株百合小心地从花盆中取出，重新均匀地栽植于花盆中，浇透水。（　　　）

4.东方型百合的温度范围是 15~25℃，最佳温度是 15~17℃，低于 15℃会导致落芽或叶片变黄，高于 25℃会影响植株的高度和花芽的正常生长。（　　　）

5.东方型百合、亚洲型百合、麝香型百合为目前最常用的观赏百合种类。（　　　）

6.利用百合的花丝和花柱，通过组织培养繁殖的方法，属于有性繁殖。（　　　）

三、简答题

1.春节用盆栽百合品种 Tiber 在栽培管理中的注意事项有哪些？

2.东方百合在种植过程中易发生"叶烧"现象，是什么原因引起的？可以采用什么措施进行预防？

项目四 > > 水仙的雕刻与养护

学习目标

通过学习，掌握水仙雕刻的原理、水仙球挑选方法、雕刻程序以及水仙养护过程中温度、光照、水分的管理技术。

学习重点与难点

学习重点：水仙雕刻原理，水仙雕刻程序，水养技术。

学习难点：水仙的雕刻程序和上盆水养技术。

项目导入

水仙，又名多花水仙、凌波仙子、金盏银台等，属石蒜科水仙属多年生草本植物。原产于中国，分布于东亚以及中国大陆的浙江、福建沿海岛屿等地区，其中以漳州地区分布最为集中。在中国已有一千多年栽培历史，为中国传统名花之一。在寒冷的冬季，百花凋零，这时，水仙花亭亭玉立，清香四溢，给人带来一丝春意。如果能挑选到优质的水仙球，且具有熟练的雕刻、水养技术，就可培育出多种款式的造型，使水仙在元旦、春节或喜庆之日开花。

一、水仙雕刻造型的原理

1. 背地性

水仙植株体内的生长激素受重力的影响，浓度分布不均匀，芽点的生长具有强烈的背地性，使茎、叶和花芽均垂直向上生长。因此，将鳞茎倒置，横置或斜放，其叶片、花葶仍然向上生长。利用这一生长特点，可对水仙生长进行定向控制。

2. 趋光性

水仙的叶片和花葶均有很强的趋光性，向光方向的叶片和花葶生长旺盛。根据这种趋光性，在造型中需要哪个方向有绿叶和花葶，就从哪个方向照强光，便可生长出别致的叶和花。

3. 顽强性

当水仙某一器官（如叶片、花葶）的一部分或大部分受到外力的伤害时，因组织需要愈合，所以减缓了水仙的生长速度；而未受到伤害的部分，却仍然可以继续生长。由于生长速度不均匀，使器官失去了平衡，从而出现了弯曲扭转现象。利用水仙这一特性，可按造型的需要进行雕刻，诱导其定向生长。

4. 向地性

水仙的根总是向下生长，具有向地性和背光性。不论鳞茎是倒置还是侧放，其根总是向下伸长的，这一特点有助于丰富水仙的根的姿态。

二、水仙球的挑选

1. 看外形

外形饱满坚实扁圆，鳞茎皮完整，上层皮膜绷紧，顶芽扁平而宽，根尚未长出或新根健壮，长度在 2cm 以内。水仙球的皮呈深褐色，以光亮者为佳。如水仙球的皮呈浅黄褐色，皮薄，说明发育不良，花苞少（如图 4-5 所示）。另外两侧须有一对子球组成"山"字形或数个子球组成莲花座。

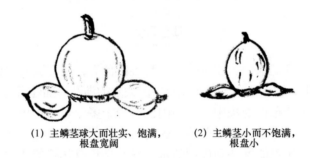

(1) 主鳞茎球大而壮实、饱满，　　(2) 主鳞茎小而不饱满，
　　根盘宽阔　　　　　　　　　　　根盘小

图 4-5　不同鳞茎球比较

2. 掂重量

去除根部泥土，把水仙球放手中掂一掂，两个相近大小的鳞茎球，重的比轻的好；把鳞茎球放在手中适当加压，感到坚实，且有一定弹性的为好，如无弹性，说明脱水较严重，水仙球的质量不好。

3. 看鳞茎盘

水仙球底部的鳞茎盘中间凹陷较宽阔较深且丰满，根盘宽阔，有较多的根原基，说明鳞茎球发育良好。若底部凹陷小而浅，说明发育不良，花苞少。

4. 桩数和花苞

主鳞茎球周径在 25cm 以上为 10 桩，有花苞约 8 个；周径 24~25cm 为 20 桩，有花苞 6 个左右；周径 21~23cm 为 30 桩，有花苞 4~5 个左右；周径 17~20cm 为 40 桩，有花苞 3~4 个。

5. 子球个数

水仙球两侧一般各有 1~3 个子球，因水仙雕刻造型不同，需要的子球数亦不相同。子球数并不是越多越好，子球过多，会影响到主鳞茎球的生长，花苞数减少。

三、花期的确定

水仙在雕刻造型前，应对水仙花雕刻后开花期进行预测，使之能在预定时间开放，根据多年生水仙雕刻的经验，预测开花期如表 4-4 所示。

表 4-4　　　　　　　　　　　　水仙花花期预测表

雕刻时间	11 月初旬	11 月中旬	12 月初旬	12 月中旬	1 月	2 月
开花所需天数	34	32	30	28	25	23

注：水养期间平均气温为 12.4~14.8℃。

四、雕刻工具

水仙花雕刻用的工具各有不同，但是基本是大同小异。福建漳州的传统雕刻工具主要有以下几种。

1. 主切刀

主切刀刀长约 18cm，刀形呈长三角形，最宽 1.5cm，刀刃平直，刀背厚 3mm［如图 4-6（左）所示］。主切刀用于起刀开盖，是最基本的水仙花刻刀，有的师傅就用这一只刀就能完成所有的雕刻任务了。

2. 斜刻刀

斜刻刀是配合主切刀进行精雕细刻的工具，用于剥、削、刮、铲和整形等工序［如图 4-6（右）所示］。

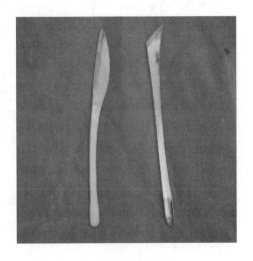

图 4-6　水仙雕刻刀

3. 直角掏刀

直角掏刀用 2~3mm 钢板端口磨利弯成直角而成，用来挖穴掏洞，在雕刻类似茶壶、葫芦造型极为方便。

4. 小剪刀

小剪刀刀口瘦长，尖形和弯形小剪刀各一把，用于修整叶片、鳞片，水养过程中剪除霉烂的鳞片、叶片、根和花蕊等。

5. 镊子

尖头和弯头各一支，用于清理雕刻的碎片、整理叶片、花梗、花蕊，配合深层雕刻和盖棉、清污之用。

五、水仙鳞茎雕刻的程序

1. 选择适宜的时间

在漳州，元旦期间水仙球雕刻后一般 40~45d 开花，春节期间一般 25~27d 开花。当然不同地区、气温、水仙球发育情况和后期的水养条件对开花时间有一定的影响。

2. 处理鳞茎

在雕刻之前，把鳞茎最外层的褐色膜皮剔除干净，并除去鳞茎盘上的护根泥、枯根及腐烂杂质，注意不要伤到鳞茎。用洁净长流水冲洗干净后，放入 800 倍液的多菌灵溶液浸泡消毒 30min，捞出后冲洗干净待刻。

图 4-7　叶芽弯曲生长，
斜线部分即为刻削面

3. 削切鳞片

削切鳞片也称开盖，就是纵向削切掉一半左右的鳞茎，把鳞茎芽暴露出来。先审视水仙球的形态，以弯曲的芽体一面为刻面（如图 4-7 所示）。一般用右手持刀，左手握紧鳞茎基部，用切刀在距鳞茎盘 1~2cm 处横切一条弧形线，然后沿线用刻刀向鳞茎里面逐层剥掉鳞片，直到全部芽体显露出来为止（如图 4-8 所示）。为了便于雕刻叶片和花梗，应削去夹在芽体之间的鳞片。

4. 刻削苞片

水仙鳞茎里的几个鳞茎芽，除被外面的几层大鳞片包裹着以外，每个鳞茎芽又各被几层鳞片包裹着，其内部还有很薄的苞片包裹着。为了便于雕刻叶片和花苞，可将圆筒状的鳞片和苞片切除 1/2~3/5，以让芽苞半露出来。保留剩下 1/2~2/5 未被切除的鳞片和苞片，以保护叶和花的发育生长。

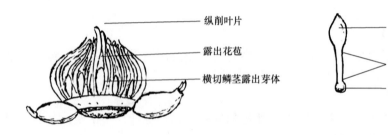

图 4-8　雕刻叶片和花葶

5. 修削叶缘

修削叶缘的目的是使叶片按造型需要而定型。一般用左手的食指，伸向叶的背向一侧，向前轻压，以让叶片前倾而便于修削。右手持刻刀，确定削叶的位置和宽度，先在叶端开一切口，然后顺叶缘向基部顺剥去叶片的1/5~2/5（如图4-8所示），一般不超过叶子的1/2。如果只需要叶片的上部弯曲扭转，则只修削上半部叶缘，而不修削叶基；若需要整片叶弯曲而扭转，将整片叶削去一半；若要叶片有多处波曲，在修削的部分处理中，刀口要成波浪状。修削叶缘时，切勿伤及花苞。

6. 修削花葶

操作时，一般用月牙形削刀在花葶上，自上而下地修削去1/3幅度或刮伤（如图4-8所示）。若不需花葶长高，可自花苞基部下1cm处下刀，直削1/3至花葶基部，并刺伤花葶基部（如图4-8所示）。若只需要花葶弯曲，创面可依所需弯度的大小而决定其长短。若要花葶弯曲呈波曲状，则在削切时使切线也成波浪状；或间隔修削。在花葶需要弯曲处修削。在修削花葶时，避免碰伤花苞或把花葶修削太过，一般只能修削近半幅。修削太过，所剩不及半幅的花葶软弱不支，会致使花苞发育不良。若在11~12月雕刻，此时花梗尚未生长，难于准确地削刻，而且有可能刮断嫩小的花梗。此时，可将鳞茎浸入水中延至抽芽、花梗膨大些再进行削刻。

7. 雕刻侧芽

侧芽多生长在主鳞茎球的两侧，有的有花，有的没花。根据拟定造型，或不雕刻而留做花篮的提手、鸟头，或稍稍修刻留做公鸡、金鱼的尾巴，亦可如主鳞茎雕刻，长成蟹脚状，塑造成其他造型。

8. 修整削面

把所有切口修削，既整齐美观，亦可防止碎片残渣霉烂污染花球。

六、水仙水养技术

雕刻后的水仙花有所谓"三分刻，七分养"的说法，说明养比雕刻更为重要。

1. 浸洗

花头经雕刻后，稍稍风干就可以将花头放入水中漫漂。浸泡的水质，最好是天然泉水，若使用自来水应先将水搁置隔天后再使用。矮化处理也在此时进行，可将"水仙花矮健素"按说明兑成溶液用做浸泡液使用。浸泡时花头雕刻面向下浸入水中，用重物轻压花头以防漂浮。浸泡一天后，应取出花头，逐个洗去黏液。洗时可用手拿住花头，将雕刻的一面向下轻轻击水冲洗，或用适当水压的自来水冲掉黏液，同时将花头残存的污泥、残根、枯皮除净，再将花头换清水浸泡。浸泡的第二天，若花头还有黏液流出，则需再行此法洗净。浸洗的目的在于防止花头腐烂和花头变色，因水仙花鳞茎内透明黏液含有一定营养，易被菌类侵入而霉烂。黏液不洗净还会沾在刻好的花头上，使洁白的花头变成褐黑色。

花头捞起后，最好再用清水喷洗一遍，并用手指触摸伤口部位，没有黏液时鳞茎球才算清洗干净。洗干净后的花头经浸泡 2d 吸饱水分后会刺激根点萌动，为了保护根系不致日晒发黄并迅速生根，应用棉花或纱布蒙盖在鳞茎切口以下的鳞茎盘处，并将棉花或纱布垂入水中，供根吸收水分及保温。

2. 上盆水养

水仙花头雕刻后经浸泡、洗净、包棉后就要上盆水养。雕刻数量较多的可先用大盆水养，待到水仙含苞欲放时再移至精致的水仙盆上案或者出售。家庭中可以直接上水仙盆水养。盆的选择要与造型协调。

一般水仙花头上盆采用仰置与竖置为主，仰置是伤口一面朝天，根部朝前放置；竖置是伤口一面朝前，根部朝下，即"正置"。特殊造型可采用倒置和反置上盆，倒置是叶体在下，根部朝天的放置，突出主鳞茎和侧鳞茎；反置即是俯置，伤口朝下，未伤的鳞茎一面朝天，完整浑圆的鳞片如螃蟹的"铁甲"，而花葶、叶片向周围卷曲横生，酷似蟹爪。

但凡伤口向下浸于水中，应防止花葶及鳞茎霉烂。可将花头垫高出离水面，只让根部下垂吸水。必要时花头雕刻后也可用药剂消毒。多数仰置和下置的上盆培养水仙，自始至终位置不变换。水仙花雕刻后上盆管理很重要，由于鳞茎经雕刻，叶、花葶梗、鳞茎均被削伤，创口的水分蒸发量大又易感染，加上新根未长出，需要保温，起初可将其放置在阴凉处 2~3d，经常喷洒清水，待创口渐愈长出新根后再移至阳光充足处，充分进行光合作用，使叶片转绿不徒长，有利于造型的固定。

3. 水分管理

每天将水倒尽换上新鲜水，浸至创口下。南方气候条件下，春节用花一般自雕刻至开花约 30d，前两周每天换水一次，并喷洒清水 1~2 次；后两周，每2d 换 1 次水。遇到气温较高时，增加一次换水，喷洒水 1~2 次。

4. 光照

水仙花需要充足的光线才能茁壮、挺拔地生长。但水仙花在水养初期，因鳞茎芽刚刚暴露出来非常稚嫩，经不住强光的暴晒，所以避光养护几天待叶片转绿后，再慢慢接受全日光照。

5. 温度

南方培养时要注意过高温度对水仙造成的影响，北方正好相反。虽然水仙花的生长温度在 4~25℃，但 10~18℃的气温最适合水仙花的生长。水仙花虽属寒性植物，但雕刻过了的花头，损伤较大营养不足，愈伤组织又脆弱，经不起冻伤，在北方要注意防冻。

6. 延长花期

水仙花由初放至盛开再至凋谢，一般可达 12~15d。如果养护不当，又遇高温环境，花期更短，其观赏价值会受到影响。延长花期的方法除了降低环境温度外，还可在花苞裂开之前在花盆里放少许食盐，使花期延长2~3d。

实训四〉〉蟹爪水仙雕刻实训

一、实训目的

通过蟹爪水仙的雕刻实训，掌握水仙雕刻工具的选择和使用方法，水仙鳞茎、叶片、花葶等雕刻技能以及雕刻后鳞茎的清洗和上盆方法。

二、实训材料和用具

材料：水仙球、脱脂棉、水仙盆。

用具：水仙雕刻刀、水盆。

三、实训步骤

1. 挑选及处理鳞茎

挑选鳞茎生长充实饱满，主鳞茎两侧各有 1~2 个小鳞茎的水仙球。先把鳞茎盘护泥去净，剪去枯根，剥去褐色的鳞茎皮。

2. 削切鳞片

在下刀前要正反两面观察内芽的生长方向，把弯曲的芽尖向上并对着自己。用切刀在距鳞茎盘 1~2cm 处横切一条弧形线，然后沿线用刻刀向鳞茎里面逐层剥掉鳞片，直到全部芽体显露出来为止。

3. 刻削苞片

在叶芽四周下刀，切勿碰伤叶芽。用刀把叶芽周围的鳞片和叶苞片一片片地刻去，如遇叶芽弯曲靠得太紧的情况，可用手指轻轻拨开鳞片，再用刀将苞片剥去，直至露出全部叶芽。

4. 修削叶缘

用手指从叶芽背向稍施压力，使花芽和叶芽分开，然后从裂缝处下刀，从上到下，从外部叶片到内部叶片均匀地把叶缘削去 1/3~1/2。修削叶缘时，切勿伤及花苞，以免造成"哑巴花"。

5. 修削花梗

用刀从上而下将花梗削去 1/4 左右，若要花梗朝哪个方向弯曲，便削花梗的那一面。雕刻过程中绝对不可伤花苞。

6.雕刻侧鳞茎

主鳞茎两侧的侧鳞茎长成蟹脚状，雕刻方法如主鳞茎雕刻。

7.修整削面

把所有切口修削整齐。

8.浸泡和清洗

将雕刻好的水仙球雕刻面朝下浸入清水中，浸泡一天后取出花头，洗去黏液，再浸入清水中，24h后再清洗一次即可。

9.上盆水养

在水仙盆中倒入适量清水，将水仙球伤口一面朝上放入水仙盆中。用棉花蒙盖在鳞茎切口以下鳞茎盘处，并将棉花或纱布垂入水中。

练习题 >>

一、填空题

1.一般雕刻后的水仙花头上盆方法是采用_____与_____为主的。

2.南方气候条件下，春节用花一般自雕刻至开花约____天，前两周____天换一次水，后两周，____天换1次水。

3.水仙花最适合的生长温度为____℃之间。

二、判断题

1.水仙的叶片和花葶均有很强的趋光性，在造型中需要哪个方向有绿叶和花葶，就把那一侧朝向强光，便可生长出别致的叶和花。（   ）

2.水仙球挑选时以外形丰满充实，鳞茎皮完整，新根长且健壮，皮呈深褐色，光亮为佳。（   ）

3.水仙球子球数并不是越多越好，子球过多，会影响到主鳞茎球的生长，花苞数减少。（   ）

4.为了便于雕刻叶片和花苞，可将圆筒状的鳞片和苞片全部切除，以让芽苞露出来。（   ）

5.水仙雕刻后水养之前必须将鳞茎上的黏液清洗干净。（   ）

三、简答题

1.试述挑选水仙球的方法。

2.简述水仙雕刻的基本步骤。

3.水仙雕刻后应如何进行养护？

项目五〉〉盆花的养护与修剪

学习目标

　　通过学习掌握盆花养护过程中的水分、肥料、温度、光照以及病虫害的防治技术；掌握盆花修剪的剪枝、剪梢、摘心、摘叶、剥芽、剥蕾、剪根等管理技能，以期生产出高品质的盆花。

学习重点与难点

　　学习重点：盆花施肥、浇水、温度控制、光照调节、病虫害防治；盆花的修剪管理。

　　学习难点：盆花水分管理、施肥管理和修剪技术。

项目导入

　　盆栽花卉用途最广泛，室内外均可采用，草本、木本、球根类花卉均可盆栽。盆栽花卉在选用适当的花盆定植后，要进行灌溉、施肥、松土、整形修剪、病虫害防治、防寒越冬等一系列的管理工作，才能使之苗壮成长，成为高品质的盆花。

一、水分管理

　　花卉生长所需的水分，大部分是从土壤中吸收来的，保持土壤适当的含水量，是花卉正常发育和获得更高观赏品质的必要条件。盆栽花卉因花盆容土量有限，而且四周暴露在空气之中，土壤特别容易干燥。因此盆花的合理浇水则显得尤为重要。盆花浇水必须根据花木的生物学特性和不同生育阶段的需水要求进行，遵循一定的原则和方法进行。盆花的具体浇水时间、浇水量和浇水次数以及浇水所采用的方法都必须根据季节和天气的变化、盆土的干湿程度、花卉的生长情况，按实际情况灵活地进行。

　　盆花浇水的原则是"见干见湿，干透浇透"。浇水过多，土壤长期处于饱和状态，势必造成花卉烂根甚至死亡。而浇水过少则使盆土干燥，苗木根系从土壤中吸收的水分不能满足植株茎叶大量蒸腾的需要，导致植物失水萎蔫，甚至干枯死亡。因此，盆栽花卉应从以下几方面入手，结合实际，灵活掌握进行合理运用、合理浇灌。

1. 看盆浇水

　　（1）根据花盆的大小浇水　通常小花盆装土量有限，储水量较少，与周围空间接触的表面积较大，因此小盆总比大盆失水多、干得快。若把相同大小的花卉栽在大小不同的盆中，则大盆浇水次数应少些，但每次浇水量应多一些。

（2）看花盆的质地 一般我们常用的泥瓦盆（即土盆）比较粗糙，盆壁因有许多细微的孔隙，具有很强的渗水透气性能。而陶盆、瓷盆和塑料盆，则质地细腻，好看不实用，渗水透气性差。因此，同样大小的盆，粗糙的花盆浇水次数及浇水量要多些、大些，陶、瓷盆则不能浇水太多太勤，旧瓦盆浇水次数和水量也应小一些。

（3）盆土的质地 砂性的土壤质地粗，渗水快，持水力弱，易干，应适当增加浇水次数。黏重土壤适当减少浇水次数，浇水量则应酌情增加。

（4）看盆土的颜色 盆土发白、重量轻、坚硬，应及时多浇水。

（5）听听盆的响声 敲击花盆，若发出清脆响声，则土偏干，应浇水。

2. 根据季节及天气的变化来决定是否需要浇水和浇水量

春季气温回升，盆花需水量开始增加，随气温逐渐升高、蒸发的加强，逐步增加浇水次数，1~2d 浇水一次。夏季是多数花卉生长发育最旺盛的季节，要进一步增加浇水次数和浇水量，才能满足花卉的需水量要求，一般早晚各浇 1 次。但夏季处于休眠或半休眠的盆花，如仙客来等则应减少浇水。秋季盆花又转入缓慢生长期，浇水量及次数应减少。冬季盆花转入室内越冬，一般盆土不太干就不需浇水，几天浇 1 次即可。适当偏干的盆土对多数花卉越冬有利。另外，还要根据天气变化趋势适时适量地进行浇水。一般阴雨天应少浇水或不浇水。

浇水量一般以盆表到盆底上下一致湿润为度。忌浇拦腰水（上湿下干）、窝水（盆底积水），还要避免盆孔流失土肥，致盆心出现空洞，严重影响盆花的生长发育。

3. 根据各类花卉的喜湿要求、生育阶段及长势长相，进行适当的浇水

一般草花需水量较多，木本花卉茎干坚硬需水量较少；仙人掌类及多浆植物宁干勿湿，球根类则不宜久湿或过湿；多叶、大叶类花卉宜多浇，小叶、窄叶类花卉宜少浇；生长期旺盛花卉要多浇，否则少浇；苗期需水量少，盛花期应适当增多，花后盆土则不宜过湿。

4. 浇水时间及水质

浇水时间要依季节和当时的气温而定，水温与土温差异不要过大，以不超过 5℃为适宜。夏季应在清晨或傍晚浇水，冬季则应在气温较高的中午浇水。水温应尽量与土温接近，应避免因水温过低对根系造成的不利影响。浇花最好用软水，盆栽花卉要用软水浇灌，没有污染的河水、湖水多为软水。雨水、雪水都是可以用来浇花的。城市的自来水需要先放置几天后再使用。井水多为硬水，含有钙、镁等无机盐，不宜直接用，应先进行软化。

5. 盆花的浇水方法

（1）浸盆法　能使土壤吸收到充足水分，又能防止表土层板结，是较理想的浇水方法。

（2）喷壶洒水法　洒水均匀，易控制水量，可根据实际需要供水，提高水的利用率，可减轻表面板结。

（3）喷雾法　用喷雾壶使水变成雾状液喷洒在叶面上，适用于阴性花卉，如热带兰等喜湿度大的环境，在夏季应每日喷水数次；冬季天气干燥，在枝叶上喷水 1~2 次。

总之，盆花生长的好坏，在一定程度上取决于浇水是否科学合理，为了充分满足花卉生长发育的需要，栽培管理上要经常调节土壤水分和空气湿度，创造适宜生存的良好水湿环境。

二、施肥管理

1. 施肥方法

施肥的方式分为基肥、追肥和根外施肥。基肥在上盆或换盆时随盆土加入，也可在盆底直接添入有机肥料。常用的有机肥料有麻酱渣、豆粕、豆饼渣、蹄片等。追肥是花卉生长发育期增补到土壤中的速效肥料，一般为液体肥料，如豆饼水、矾肥水、兽蹄水、磷酸二氢钾、尿素等。根外追肥是将肥料喷洒在叶面上，由叶子直接吸收的一种施肥方法。要控制好肥料浓度，一般用 0.1%~0.2% 的速效肥料，如磷酸二氢钾、尿素、硝铵等。施肥的次数和时间要根据花卉的生长阶段和季节来定。

2. 施肥的原则和时间

施肥的原则是：黄瘦多施，芽前多施，孕蕾多施，花后多施；肥壮少施，发芽少施，开花少施，雨季少施；徒长不施，盛暑不施，休眠不施，新栽不施。

施肥要在晴天进行。施肥前先松土，在盆土稍干时施肥。施肥后立即浇水。温暖的生长季，施肥次数可多些，每个月 2~3 次；天气寒冷时可以少施，每个月 1~2 次即可；休眠期停止施肥；夏天生长旺盛期，可增加到 5~7d 施薄肥一次。

根外追肥不要在低温时进行，而应该在午前或午后喷洒。如在施肥时混以微量元素的肥料或混以其他杀虫、杀菌药剂，则可兼收双重效果。至于施肥次数以薄施、多次为妥。过磷酸钙也适宜根外追肥，使用时应用 10 倍清水浸泡一昼夜，然后取澄清液稀释为 1%~2% 的浓度，喷洒叶面。此外，硼肥、镁肥也常作根外追肥使用。

3. 肥料的酸碱度

喜酸性土的花卉，即使是用酸性土培养，日久之后土壤酸值也会改变。特别是用偏碱性或中性的水浇花时，土壤酸值变化更快。对这些花卉应选用酸性肥料，或用 0.25% 的硫酸亚铁混入肥料中施用。

三、光照管理

光是植物制造有机物的能源，但不同的花卉种类，同种花卉的不同生育期对光照的要求也是不同的。喜光的花卉如一、二年生草花，在春、秋、冬三季处于阳光充足的环境中养护。但是到了夏季也不能强光暴晒，要适当遮阴。若不适度遮阴，强光容易灼伤叶片和细根，造成盆花长势弱、枝叶枯黄。喜阴的花卉如兰花、龟背竹、吊兰、文竹、秋海棠类、蕨类等，除了冬季，其他季节都要进行适当遮阴，荫蔽度在 50%~80%。对于一些冬季开花的花卉，人工增加光照，有利光合作用，提高抗性，并使枝叶繁茂，花开得更艳。如长寿花、天竺葵、仙客来、君子兰、瓜叶菊等在冬天就需要充分接受阳光照射。

四、温度管理

大多数花木适生温度为 20~30℃，而我国多数地区夏季的最高气温超过30℃，若不及时散热降温，会导致植株矮小，花最减少、花期缩短。降温方法有以下几种。

喷水降温：对吊兰、文竹及其他观叶植物，每天用细眼喷壶在盆花枝叶上喷水 3~4 次，以降低叶面温度。

增湿降温：每天向花盆四周地面洒水 2~3 次，既可增加空气湿度，又可降低气温。

遮阴降温：对连续或长期高温的，应将花木移到荫蔽处养护或架设荫棚防晒。

垫湿降温：在花盆下垫 1 块吸湿保水的厚块泡沫塑料或盆底铺一层湿沙，以降低盆钵温度和提高局部空气湿度。

冬季北方地区寒冷，栽培中要根据花木的生长习性，创造适宜的越冬环境。蟹爪兰、瓜叶菊、朱顶红等，室温最低要在 10℃以上；君子兰、龟背竹、文竹、令箭荷花、四季海棠、虎尾兰、仙客来、芦荟、鹤望兰、天竺葵、吊兰、夹竹桃等，室温低于 5℃，这些花卉就出现黄叶。冬季休眠的花卉，菊花、荷花等，一般置于室温 3~5℃的冷室内即可越冬；对半休眠的花卉，如杜鹃、栀子、山茶花，一般置于 5℃以上的室内可安全越冬；冬季仍能生长的四季海棠、香石竹等一般放在 8~10℃室内才能安全越冬。

五、松盆土

盆栽花卉因其生长受到花盆的制约，往往会因浇水方法不当、土壤中缺乏有机质以及植株与花盆大小比例失调等，造成盆土板结，特别是表面土壤板结，从而影响植株生长根系，降低植株生长速度。特别是一些对通气性要求高的花卉，如兰花、秋海棠等，更要注意。为了防止盆土板结，除了纠正上述造成板结的原因外，在日常管理中应经常松土，或在盆土表面种植苔藓植物，也可利用一些干的有机肥，如菜饼、豆饼、家禽粪等，研成粉末状，均匀撒在盆土表面，用量以略见到盆土为度，切不可一次施用太多，以防烧苗。

◎ 六、病虫害防治

（一）病害防治

在高温高湿的环境条件，适于一些细菌的生长，易引起许多花卉病害发生，如白粉病、灰霉病、白绢病、炭疽病等，造成一些花卉叶片皱缩变小，嫩梢扭曲畸形，花芽不能开花，严重时造成整株死亡。因此需及时防治。

（1）加强栽培管理，改善植物通风透光等环境条件；合理施肥，增大磷钾肥的施用量，不偏施氮肥；注意清洁卫生，发现病株、病叶及时剪除；及时防治害虫和有害动物（如蚧壳虫、红蜘蛛、蜗牛等）。

（2）改善盆栽用土，尽量不重复使用盆栽用土。盆土最好能做到高温消毒（蒸气）或药物消毒。可用 40% 福尔马林 40 倍液，升汞 1000 倍液消毒土壤和用具。

（3）喷洒 1∶1∶10 波尔多液保护，不使病害发生和发展；发病早期喷抗菌剂：50% 多菌灵、50% 退菌特、65% 代森锌、75% 百菌清、50% 托布津的 500 倍液、50% 苯来特 1000 倍液及其他抗菌剂。

（二）虫害防治

盆花常发生的虫害有吹绵蚧、蚜虫、凤蝶、红蜘蛛、地老虎等危害，必须立即采取措施进行防治。

1. 吹绵蚧

吹绵蚧初孵幼蚧多群集叶背叶脉两侧为害，以后转移到主枝及枝干，诱发煤烟病，引起落叶、枯枝。防治方法：用乐果 1000~1500 倍液喷雾防治；用洗衣粉稀释 100~500 倍液连续喷射几次效果良好。还可利用澳洲瓢虫防治。

2. 蚜虫

蚜虫危害花木的嫩梢生长，重者引起植株枯萎、落叶。防治方法：用乐果 1500~2000 倍液或敌敌畏 1000~1500 倍液喷雾进行防治。

3. 红蜘蛛

危害花卉的范围非常广泛，以 6、7、8 三个月危害最严重，利用刺吸口器吮吸植物体汁液，使叶片出现黄白色斑点，失去光彩，使植株生长衰弱、落叶，以致全株枯黄致死。防治方法：防治必须及时，可用乐果 1500~3000 倍液或敌敌畏乳油 800 倍液喷雾；亦可用 75% 克螨特 1000 倍液喷雾。同时应当增加湿度和加强通风，可减少红蜘蛛滋生。

4. 地老虎

地老虎危害根茎，花卉初生幼苗常被其从地面咬断花茎，造成死亡。防治方法：低龄幼虫（1~2龄），可用90%晶体敌百虫500倍液或50%敌敌畏乳油3000~5000倍液喷雾防治。高龄幼虫（3龄后），用幼嫩多汁的新鲜杂草70份与2.5%敌百虫粉1份配成毒饵，于傍晚撒布花盆土面诱杀。可用2.5%溴氰菊酯乳油等2000倍液灌根，90%晶体敌百虫500~800倍液灌根。

◎ 七、盆花修剪

修剪整枝可调整植株长势，促进生长开花，形成良好株形，增加美观。

1. 剪枝

剪枝有疏剪（如图4-9所示）与短截修剪（如图4-10所示）两种。前者是将病枝、枯枝、重叠枝以及其他不需要的枝条，自基部完全剪去，后者是将枝条先端剪去一部分，但要注意芽的位置，留芽的方向要根据生出枝条的方向来确定。如要植物向上生长时，应留内侧芽，如要植物向外方斜向生长时，则留外侧芽。此外，还要注意各主枝之间的从属关系和均势，如主枝之间生长势相似的竞争枝可短剪，以抑制其生长势。如竞争枝强于主枝，而且符合做主枝要求时，则不妨用来代替原来的主枝。

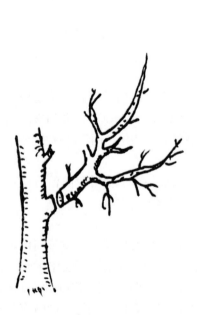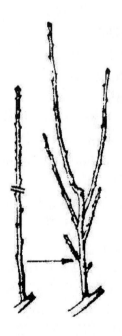

图4-9　疏剪　　　　　　　图4-10　短截

2. 剪梢与摘心

剪梢与摘心是将植株正在生长的枝梢去掉顶部（如图4-11所示）。枝条已硬化需用剪刀裁剪枝条（枝剪）的工作称剪梢；枝条柔软用手指即可摘去嫩梢的工作称摘心。其作用都是使枝条组织充实，调节生长，增加侧芽发生，增多开花枝数和朵数，或使植株矮化，株形丰满，开花整齐等。此外，摘心也可抑制生长，延迟花期。

图4-11　摘心和剪梢

3. 摘叶

摘叶是在植株生长季节中，当植株叶片生长过密时，摘去部分叶片的工作。它可以改善通风透光条件，有利于植物的生长和开花。如不去除老叶，新芽就萌发得迟缓从而影响开花的时间。此外，植株基部的黄叶，也要及时掐掉以保持植株清洁美观。

4. 剥芽与剥蕾

剥芽是在侧芽的基部将芽剥除，剥蕾是在发生侧蕾的地方将花蕾剥除。如香石竹侧芽太多时，常影响主芽生长，也影响通风透光，不利于植物开花。因此要经常进行剥芽工作。菊花在花蕾形成后，侧蕾常影响主蕾生长，这时要及时剥去侧蕾。佛手蕾多会影响结果，要及时剥去多余的花蕾。但有时为了调整全株花朵同时开放，也有剥去生长势强的主蕾而留侧蕾的。

5. 摘果

植物开花之后不期望植物结果的，宜及早摘果，以保持植物生长势。如果要使植物果大，则保留适量的果实，其余的全部摘除，这样可使留下的果实硕大。

6. 剪根

剪根工作多在移植、换盆时进行。播种苗主根太长时，可于移栽时剪短。换盆时，如遇腐烂的、冗长的根也可去除一些。

7. 整枝

整枝包括支缚、绑扎、诱引等工作。通过整枝可以起到使枝条匀称，固定茎干，改善通风透光条件，利于植物生长的作用。也有通过整枝、造型，增加观赏价值的作用。整枝的材料可用竹片、铅丝、塑料绳、棕线、棕丝等。整枝形式上的要求，是以人的意志结合植物生长状况而定的，如藤本类的铁线莲、茑萝、牵牛花，干茎软弱的菊花、文竹等，都需要进行绑扎整形，先要利用竹片铁丝绑扎出各种形状的模型，如球状、伞状、圆筒状、扇面状；精细的形状如仙鹤、狮子、猴子、大熊猫、孔雀等形状。模型绑好后用支架插入盆中，再用软藤从模型外部进行攀绑，嫩梢要分配均匀，开花时整齐美观，可供庭园绿化、展览使用。

实训五 >> 盆花施肥、浇水管理技术

一、实训目的

通过实训，使学生掌握盆花肥料的配制方法和施用技术，能够正确地对盆花进行浇水养护。

二、实训材料和用具

材料：麻酱渣水、磷酸二氢钾、盆花。

工具：喷雾器、喷壶、水瓢。

三、实训步骤

1.土壤追肥

取腐熟的麻酱渣水，稀释 20 倍左右，浇入花盆中。以盆底有少量肥水渗出为宜。麻酱水为速效肥、肥效高，施肥时要避免将液肥浇在盆花的枝、叶、花果上，如不小心浇在上面，应及时用清水冲掉。

2.根外追肥

配制 0.1%~0.2% 的磷酸二氢钾溶液，用喷壶均匀地喷洒于盆花叶片处。叶背也要喷施。

3.浇水

按盆花"见干见湿"的浇水原则浇水。先根据这一原则判断需要浇水的盆花，然后进行浇水，浇水量以盆底有少量水流出为宜。

练习题 >>

一、填空题

1.盆花浇水的原则是_____，_____。

2.春季盆花____天浇水 1 次；夏季；一般____浇 1 次；冬季____浇 1 次即可。

3.一般草花需水量_____，木本花卉需水量_____；仙人掌类及多浆植物浇水宜_____；苗期需水量_____，盛花期应_____。

4.盆花的浇水方法有_____、_____、_____。

5.盆花的施肥的方式分为_____、_____和_____。

6.盆花降温的方法有_____、_____、_____等。

7.盆花整形修剪的措施有_____、_____、_____、_____、_____、_____、_____等。

二、判断题

1. 同样大小的盆，粗糙的花盆浇水次数及浇水量要多些，陶、瓷盆则不能浇水太多太勤。（　　）

2. 喜酸性土的花卉，应选用酸性肥料，或用 0.25% 的硫酸亚铁混入肥料中施用。（　　）

3. 鸡冠花、仙人掌、菊花等为喜光的花卉，兰花、龟背竹、文竹、蕨类等为喜阴性花卉。（　　）

4. 剪枝时，如要向上生长，留内侧芽，如要向外方斜向生长时，则留外侧芽。（　　）

5. 浇水要掌握水温与土温差异不要过大，以不超过 10℃ 为适。（　　）

6. 根外追肥是喷洒肥料在叶面上，由叶子直接吸收的一种施肥方法。要控制好浓度，一般用 1%~2% 的速效肥料。（　　）

7. 蟹爪兰、一品红、瓜叶菊、朱顶红等，越冬温度要在 10℃ 以上。（　　）

三、简答题

1. 简述盆花如何进行浇水？

2. 施肥的原则是什么？

3. 如何进行盆花病虫害的防治？

学习情境五 ○─ 木本植物栽培与养护

项目一 〉〉 灌木的栽培

学习目标

通过学习几种常见灌木的栽培技术，掌握灌木栽培种植规程、肥水管理等技术，以期能生产出高质量的园林绿地所应用灌木植物。

学习重点与难点

学习重点：几种常见灌木繁殖方法和种植规程。

学习难点：几种常见灌木肥水管理及防治技术。

项目导入

灌木是指那些没有明显的主干、呈丛生状态的木本植物，一般可分为常绿、落叶两大类。它们在园林景观营造中占有重要地位，在城市绿化和小城镇建设中发挥着重要作用。为提供园林优质绿化灌木苗木，要注意灌木的培育过程中采用的繁殖方法、土肥水热、病虫害防治等技术。

◎ 一、大叶黄杨

（一）植物简介

大叶黄杨（*Euonymus japonicus* Thunb.）是卫矛科卫矛属，又称四季青、卫矛、扶芳树，为常绿灌木或小乔木，生长较慢，寿命长。

大叶黄杨的叶为革质，椭圆形或倒卵形，叶缘有锯齿，枝叶茂密，四季常青，嫩叶有光泽，老叶深绿。一般株高 60~90cm，最高可达 3m，是园林中常见的绿篱植物和背景种植材料。

大叶黄杨多采用扦插繁殖，也可用嫁接、压条。

（二）扦插育苗

1. 栽培基质

大叶黄杨对土壤要求不高，壤土、轻黏土、素沙土均适宜其生长，但以沙壤土中生长最好，土壤过黏也不利于其生长，不易其生新根。

园土过筛后掺入 1/4 洁净的河沙（粒径 0.25~0.5mm），将土和沙混合均匀，作为扦插基质，也可选择疏松的沙性土、草炭土、蛭石、珍珠岩等苗床基质，还可将细河沙、园土、砻糠灰按 1：1：1 混合后作为混合扦插基质。要疏松透气、排水良好，以免供氧不足，影响不定根的生长。将配制好的扦插基质填入扦插床，力求床面平整，床面要比步道低 20cm，床面整平后用 3% 的硫酸亚铁溶液对基质进行消毒，药液用量为 0.5kg/m^2。而后用喷壶将清水均匀喷洒在基质上，加水后的基质不宜太湿，以手握刚能成团为好。

2. 扦插苗处理

用 ABT 生根粉 1g 兑水 10kg，将插穗下端 3cm 的长度浸入其中，经 0.5min 取出待插。

3. 栽培设施

插后初期要搭棚遮阴，棚顶距畦面约 100cm，保持苗床湿润，有利于插穗切口的愈合生根。扦插苗生长速度远远大于播种苗。大叶黄杨通常培育成球形树冠后再进行栽植。

4. 扦插时间

扦插时间除冬季外皆可进行；以 6 月中下旬，8~9 月最为适宜。扦插时，选择老株上带有木质的健壮枝条，剪成 8~10cm 一段，上部保留 2~3 对叶片，把下部叶片摘掉，然后在经过翻土的苗床上掺入约 1/3 的河砂，拌匀，灌足水，趁有水时在泥浆状土中扦插，插入深约 1/2，保持株行距为 4cm×8cm，待插床上水渗下后，用稻草类秸秆遮阴，一个月后插穗即可生根。11 月中旬时除去遮阴物而盖塑料薄膜防寒。翌年 3 月进行移植。

5. 移植方法

苗木移植多在春季 3~4 月进行。在移植时，最好将幼苗根部蘸上厚泥浆（称为泥浆法）；大的苗株起苗时宜连带根泥捆扎成泥球，易于移植成活和生长。北部地区冬季若能给它在朝北方向盖点塑料膜抵挡寒风，则更为保险。第二年早春即可进行修剪。

（三）日常管理

1. 水分管理

当年种植的小苗，可任其自然生长，10~15d 浇 1 次水，干旱季节要增加浇水量，以保证土壤湿润，忌积水。大苗木种植后应立刻浇头次水，第二天浇第二次水，第五天浇第三次水，三水过后要及时松土保墒，并视天气情况而确定浇水量，以保持土壤湿润而不积水为宜。夏天气温高时也应及时浇水，并对其进行叶面喷雾，需要注意的是夏季浇水只能在早晚气温较低时进行，中午温度高时则不宜浇水，夏天大雨后，要及时将积水排除，积水时间过长容易导致根系因缺氧而腐烂，从而使植株落叶或死亡。入冬前应于10月底至11月初浇足浇透防冻水；3月中旬也应浇足浇透返青水，这次水对植株全年的生长至关重要，因为春季风力较大且持续时间长，缺水会影响新叶的萌发。

2. 肥料管理

大叶黄杨喜肥，在栽植时应施足底肥，肥料以腐熟肥、圈肥或烘干鸡粪为好，底肥要与种植土充分拌匀，若不拌匀，种植后草木根系会被灼伤；当年种植的小苗一年中施追肥1~3次。大苗木在进入正常管理后，每年仲春修剪后施用一次氮肥，可使植株枝繁叶茂；在初秋施用一次磷钾复合肥，可使当年生新枝条加速木质化，利于植株安全越冬。在植株生长不良时，可采取叶面喷施的方法来施肥，常用的有0.5%尿素溶液和0.2%磷酸二氢钾溶液，可使植株加速生长。

3. 光照

夏季软枝扦插大叶黄杨，要有一定的光照条件才能生根成活。充足的光照可促进叶片制造光合产物，促进插穗生根。在扦插后期，插穗生根后，更需要有充足的光照条件。但在扦插前期，要注意避免强光直射，防止插穗水分过度蒸发，造成成片萎蔫或灼伤，影响植株发根和生长。因此，扦插初期庇阴要严，愈伤组织形成后要逐渐增加光照，11月中旬当气温低于10℃时，要逐渐除去遮阴物并盖以塑料薄膜，四周后用土压实用以防寒。

4. 温度

大叶黄杨喜温暖环境，在春、夏、秋三季均可进行扦插，但以6月中下旬扦插发根快，生长好。春季硬枝扦插以15~20℃为宜，而在夏季进行软枝扦插时，温度通常以25℃左右为宜。试验表明，长枝扦插大叶黄杨，温度保持在20~25℃最易生根成活。在北京及以南地区可安全越冬，温度低于-19℃易受冻害，当年种植的苗和生长未满3年的幼苗应采取防寒措施。

5. 湿度

扦插后，适宜的水分有利于大叶黄杨生根，因此除基质保持一定的湿度外，还要控制空气中的相对湿度，特别是夏季软枝扦插，要求空气湿度大，空气相对湿度要在90%以上，以保证插枝不枯萎。中午阳光强烈时，扦插苗床需要用苇帘或遮阳网遮阴。一般扦插后一个月左右大叶黄杨便可生根，随着插穗根量增加，还要逐渐揭去遮阴物，增加光照，降低空气湿度和基质湿度，这样有利于促进根系生长和培育壮苗。

（四）病虫害防治

1. 大叶黄杨常见病害

大叶黄杨常见病害有褐斑病、白粉病、煤污病、立枯病。其防治方法有以下几种。

（1）褐斑病防治

①及时清除落叶并烧毁，减少侵染源。

②早春喷施 3~5 次美度石硫合剂，消灭越冬病原体，加强水肥管理，增强树势，提高植株的抗病能力。

③加强通风透光，及时修剪过密枝条。

④发病期喷施 50% 多菌灵可湿性颗粒 500 倍液或 75% 百菌清可湿性颗粒 700 倍液，每 7 天一次，连续喷 3~4 次防治效果显著。

（2）白粉病防治

①冬季及时清除落叶并烧毁。

②发病时可喷施 70% 硫菌灵可湿性颗粒 1000 倍液或用 10% 多效霉素可湿性颗粒 500 倍液或 25% 粉锈宁可湿性颗粒 1000 倍液喷雾，7~10d 一次，连续喷 3~4 次可有效防治病害。

（3）煤污病防治

①及时杀灭蚜虫、蚧壳虫；种植不可过密，及时修剪，加强通风透光。

②如有发生可喷洒 0.3°Bé 石硫合剂两次，每 15d 一次，或在发病初期喷 50% 多菌灵可湿性粉剂 800 倍液，70% 甲基托布津可湿性颗粒 1000 倍液，每 10d 一次，连续喷 2~3 次可有效防治病害。

（4）立枯病防治

①加强疫情检查，不引进带病植株。

②加强水肥管理，提高植株抗病力，栽培地应保持湿润，但不能积水。

③对于初发病的植株，如病症较轻，可在用杀菌剂灌根的同时，用 50% 多菌灵 500 倍液或 65% 代森锌 1000 倍液对植株进行交替喷雾，连喷 2~3 次，可有效抑制病情。

④如发现有患病植株应及时将病株拔除烧毁，对栽培地每平方米内用 75% 百菌清可湿性粉剂 600 倍液浇灌消毒，用量为 5~6kg/m^2，连续浇灌三次，每次间隔 5d；也可用硫黄粉 0.5kg 与土壤充分拌匀，进行消毒。

2. 大叶黄杨虫害

主要有长蚧壳虫、扁刺蛾及黄杨斑蛾危害叶部，应注意防治。

蚧壳虫可用松脂合剂 20 倍液；扁刺蛾及黄杨斑蛾在幼虫期用 40% 氧化乐果或水胺硫磷 1000 倍液防治。

◎ 二、红叶石楠

（一）植物简介

石楠为蔷薇科石楠属植物，又称火焰红、千年红。石楠为常绿小乔木或灌木，叶革质，呈长椭圆形至倒卵披针形，先端具尾尖，春季新叶红艳，夏季转绿，秋、冬、春三季呈现红色，霜重色逾浓，低温色更佳。因其新梢和嫩叶鲜红而得名，被誉为"红叶绿篱之王"。

红叶石楠（*Photinia fraseri*）多采用扦插繁殖。

（二）种植规程

1. 露地扦插技术

（1）栽培基质　长江中下游流域露地扦插即为地插，所以插床一般都以高床为主，以利于排水。首先将圃地整平，再用宽10cm的木板（或板皮）将圃地围成宽1~1.2m的苗床若干条，沟宽0.3~0.5m。再将扦插基质倒入围好的苗床中将其整平，厚度为8cm左右，基质一般以颗粒细小、没有杂质的红黄土为好，有些植物的耕作时间不是很长，使用土质干净无污染、有机质含量低的疏松酸性土亦可，也可选用泥炭、珍珠岩等为基质。但是除了没有耕作过的红黄土外，任何基质在扦插前都应进行消毒，可以选用高锰酸钾500~1000倍液、敌克松800~1000倍液、甲托800~1000倍液浇灌苗床。

（2）扦插苗处理　选取生长粗壮的半木质化的一年生枝做插穗，（即新梢上的红叶开始变绿了后就可以将其剪下作为插穗）。插条剪留3~5cm长，上剪口平剪，下剪口斜剪（利于愈伤组织的大量生成），顶部可根据叶片的大小、扦插时的温度，保留0.2~1片叶，一般来说穗条叶片大、扦插温度高时（30℃以上）留叶面积比例小，一般为0.2~0.5片叶；穗条叶片小、扦插温度低时（20℃以下）留叶面积比例大，一般为0.5~1片叶；在扦插的黄金季节由于温度适当所以一般保留半张叶片。

扦插前先应对插条进行生根处理，常用的生根剂有成品的ABT、国光和生化原料萘乙酸、吲哚丁酸。用萘乙酸、吲哚丁酸各50%兑成2000~3000mg/kg速蘸效果较好，蘸药时应将插条的2/3浸入药液中1s，待药液干燥后就可进行扦插了。

（3）栽培设施　搭设阴棚可采用木桩、竹桩、水泥杆桩，要求阴棚结实耐用，能够适应台风等灾害性天气的侵袭。遮阳网的选用根据扦插的季节不同而不同，温度低于32℃时可选用50%遮阳率的网，高于32℃则应换成70%的遮阳网。

（4）扦插方法　扦插前先将苗床浇透水，插条插入土中不宜太深，400~700株/m²，一般为插条顶部的叶片应朝同一方向，使其接受的光照均匀，从而利于植物早生根早发芽，插后再浇透水，待叶片的水分干后用甲基托布津、百菌清600~800倍液喷洒防病，最后用小拱棚薄膜将整条苗床密实。

2. 红叶石楠的栽培技术

（1）种苗的选购　以优质的容器苗为好，优质的容器苗根系发达，特别是带基质移栽不伤根，成活率几乎达100%，且移栽后生长迅速。

（2）苗圃地的选择和整理　种植地土壤以质地疏松、肥沃、微酸性至中性为好，且灌溉方便，排水良好。种植前，每亩施入腐熟厩肥 3000kg，过磷酸钙 50kg，土壤翻耕深度在 25cm 以上、同时施用杀虫剂防治地下害虫。翻耕后将土壤整平，开排水沟，做苗床，床面宽度为 1m 左右。

（3）种苗移栽　种苗移栽的时间一般在春季 3~4 月和秋季 10~11 月，要结合当地气候条件来决定。定植间距要根据留圃时间和培育目标而定。如计划按培育一年生小灌木出售，株行距以 35×35cm 或 40×40cm 为宜，每千米约 4498 株。

种苗移栽时，要小心除去包装物或脱去营养钵，保证根系土球完整，定点挖穴；用细土堆于根部，并使根系舒展，将土轻轻压实。栽后及时浇透定根水。

（三）日常管理规程

1.露地扦插技术管理

红叶石楠扦插后 10~15d 开始盟发愈伤组织并生根，最佳生根地温为 25~28℃。这段时间要根据天气的变化，做好雨天排水，天热遮阳等工作，待到插后 30 多天，可以根据插苗的生根状况而逐渐通风练苗，一般来说插苗 80% 生根，就可以将小拱棚薄膜两头进行通风，通风一周左右就可以将小拱棚去除，然后逐渐去除遮阳网。红叶石楠扦插苗在去薄膜后应该加强肥水管理和病虫害的防治，肥料以薄肥勤施为原则，可以用尿素和磷酸二氢钾 500~1000 倍喷洒或浇灌，每 7~10d 一次。

常见问题及处理方法有以下两点。

（1）生根少、慢　引起此种情况最大的原因是生根药剂的选用不当或使用不当，使用药剂时兑水的酒精太少，一般来说生根药剂应先溶于 20% 总药液的酒精溶液中，再将酒精溶液慢慢倒入水中，再充分搅拌后使用，兑好的药液应随配随用，或密封存放。

处理方法：可用 30mg/kg 萘乙酸浇灌，或将插条从苗床拔出，剪掉伤口从新蘸药后再插回苗床。

（2）发芽慢　可能原因有扦插密度大、遮光率大叶片接受阳光少，苗床积水根系活性低。

处理方法：解决上述问题的同时，可适当多给插苗施入氮肥，5~7d 喷一次赤霉素和细胞分裂素，有利于红叶石楠快速发芽。

2.红叶石楠的栽培管理技术

（1）水分管理　在定植后的缓苗期内，要特别注意水分管理，如遇连续晴天，在移栽后 3~4d 要浇一次水，以后每隔 10d 左右浇一次水；如遇连续雨天，要及时排水。

（2）肥料管理　定植约 15 天后，种苗度过缓苗期即可施肥。在春季每半个月施一次尿素，用量约 7.5kg/km^2，夏季和秋季每半个月施一次复合肥，用量为 7.5kg/km^2，冬季施一次腐熟的有机肥，用量为 2250kg/km^2，以开沟埋施为好。施肥要以薄肥勤施为原则，不可一次用量过大，以免伤根烧苗，平时要及时除草松土，防止土壤板结。

（3）光照管理　扦插初期红叶石楠对光照要求不严，适宜在明亮散射光下生长，光照过强、曝晒会引起叶片变黄、褪绿、生长慢等现象。所以在养护管理过程中光照太强要遮阴，光照弱时应拉上（收拢）遮阳网。

（4）温度和湿度管理　高温季节加盖75%~90%遮阳网避免强光灼伤，生根过程中控制小拱棚内的温度在25~40℃范围内。相对湿度与最高温度关系的参考值：相对湿度95%以上，最高温度控制在40℃以内，这是最佳关系值；相对湿度控制在90%~95%，最高温度控制在36℃以内；相对湿度在90%时，温度控制在34℃以内时，需及时安排补水；当相对湿度降到85%时，温度应控制在32度以下，现在的大多设施条件下，这个温度控制已经不可能了，这也是红叶石楠扦插的失败原因。

（四）病虫害防治

红叶石楠抗性较强，未发现有毁灭性病虫害。但如果管理不当或苗圃环境不良，可能发生灰霉病、叶斑病或受蚧壳虫危害。防治方法有以下三点。

（1）灰霉病可用50%多菌灵1000倍液喷雾预防，发病期可用50%代森锌800倍液喷雾防治。

（2）叶斑病可用50%多菌灵300~400倍液或托布津300~400倍液防治。

（3）蚧壳虫可用乐果乳剂200倍液喷洒或800~1000倍液喷雾。

◎ 三、小叶女贞

（一）植物简介

小叶女贞（*Ligustrum quihoui* Carr.）属木犀科女贞属，落叶或半常绿灌木，生长势强健，萌枝力强，叶再生力也强，耐修剪。常作绿篱栽植，也可整剪成球形，栽植在建筑物进出口两侧、花坛中央等位置。

小叶女贞可用播种、分株或扦插繁殖。

（二）种植规程

1. 播种繁殖

10~11月当核果呈紫黑色时即可采收，采后立即播种，也可晒后干储至翌年3月播种。播种前将种子进行温水浸种1~2d，待种浸胀后即可播种。采用条播，条距30cm，播幅5~10cm，深2cm，播后覆细土，然后覆以稻草。注意浇水，保持土壤湿润。待幼苗出土后，逐步去除稻草，枝叶稍开展时可施以薄肥。当苗高3~5cm时可间苗，株距10cm。实生苗一般生长较慢，2年生可作绿篱用。

2. 扦插繁殖

（1）栽培基质　扦插基质用粗沙土，0.5%高锰酸钾液消毒1d后用来扦插，扦插前先用比插穗稍粗的木棍打孔，插后稍按实，扦插密度以叶片互不接触，分布均匀为宜。用清水喷透后覆塑料膜，用土将半面压严，其余用砖块压紧，以便喷水，再用苇帘遮阴。

（2）扦插苗处理　采用两年生新梢，最好将木质化部分剪成 15cm 左右的插条，将下部叶片全部去掉，上部留 2~3 片叶即可，上剪口距上芽 1cm 平剪，下剪口在芽背面斜剪成马蹄形。

（3）扦插时间　扦插时间在 3~4 月或 8~9 月均可。

（4）移植方法　移植以春季 2~3 月份为宜，秋季亦可。需带土球，栽植不宜过深。如在定植时，在穴底施肥，以促进生长。用作绿篱的小叶女贞，可进行适当修剪，注意主要修剪枯弱病枝。主要虫害有青虫，吹绵蚧壳虫等，要注意防治。

（三）日常管理规程

在生根前每天喷水 2 次，上午 10~11 点，下午 1~2 点，以降温保湿，保持棚内温度 20~30℃，相对湿度在 95% 以上。每天中午适当通风，夏季为防其腐烂，插后 3d 喷 800 倍多菌灵，10d 后再喷一次。插后 21d 左右小通风 2d，早晚可揭去塑料膜，中午用苇帘遮阴，注意多喷水，3d 后全部揭去。炼苗 4~5d 后即可在阴天或傍晚时进行移栽，栽后立即浇一次透水，3d 后再浇一次，成活率可达 100%，冬季需扣小拱棚越冬。

（四）病虫害防治

小叶女贞病虫害较少，主要虫害是天牛。防治方法有以下几种。

（1）在春季，若看到鲜虫粪处，用注射器将 80% 敌敌畏乳油注入虫孔内，并用黄泥将虫孔封死。

（2）七月份人工捕杀天牛成虫。

（3）每盆女贞盆景土中埋入 3~4 粒樟脑丸便可控制虫害。

◎ 四、桂花

（一）植物简介

桂花［*Osmanthus fragrans*（thunb.）Lour］是木犀科木犀属常绿灌木，又称木犀岩桂、金粟、九里香等，是现代城市绿化最珍贵的花木之一。桂花原产于我国西南、中南地区，现广泛栽培于长江流域各省区，华北、东北地区多行盆栽。它树姿优美、枝繁叶茂、绿叶青翠、四季常青，尤其以消幽的花香诱人，真正是"独占三秋压众芳"，被苏州、杭州、桂林等世界著名的旅游城市定为市花。

桂花的繁殖方法有播种、扦插、嫁接和压条等。生产上以扦插和嫁接繁殖最为普遍。

（二）种植规程

1. 扦插

（1）栽培基质　用微酸性、疏松、通气、保水力好的土壤作扦插基质。扦插前用多菌灵、五氯硝基苯等药物对扦插土壤消毒杀菌。

（2）扦插苗剪取与处理　从中幼龄树上选择树体中上部、外围健壮饱满、无病虫害的枝条作插穗。将枝条剪成10~12cm长，除去下部叶片，只留上部3~4片叶。有条件的再将插穗放入50%~100% GGR6号溶液中浸0.5~1h，对插条生根大有好处。

（3）扦插时间　在3月初至4月中旬选1年生春梢进行扦插，这是最佳扦插时间。也可在6月下旬至8月下旬选当年生的半熟枝进行带踵扦插，但此时插穗对温湿度的要求高。

（4）栽培设施　3月初至4月中旬选1年生春梢进行扦插时，在华北、东北地区进行地扦插工作应在保护地中进行，6月下旬至8月下旬扦插后，床土压实，充分浇水，随即架双层阴棚遮阴，应经常保持土壤湿润。

（5）移植方法　经插种、扦插等途径培育出来的1年生桂花幼苗，因抗旱抗寒抗瘠能力差，不宜立即作绿化苗使用，应先移栽到圃地内继续培植2~5年，待其长成中苗后再移栽。

在树液尚未流动或刚刚流动时移栽最好，一般在2月上旬至3月上旬进行。取苗时，尽可能做到多留根、少伤根。取苗后要尽快栽植，需从外地调苗时，要注意保湿，以防苗木脱水。栽好后要将土压实，浇一次透水，使苗木的根系与土壤密接。

桂花长成大苗后，其间要求进行2~3次移植。采用隔行和隔株疏移。

以2~3年时间为一个移植周期，株行距设计如表5-1所示。

表5-1　　　　　　　　　　　　移植苗龄与株行距设计

移植苗龄/年	株行距设计/cm
1	40×60(原先设计)
3~4	80×120
5~7	160×240

此后继续留养一段时间，培育成高度为160~200cm、胸径为8~10cm、冠幅为1.5~1.8m的成形大苗，即可供栽植利用。

2. 嫁接

嫁接繁殖具有成苗快、长势旺、开花早、变异小的优点，也是比较常用的方法之一。适宜北方栽植的植物有丹桂、老金桂、结籽银桂、柳叶银花、日香桂、檀香桂、赤金桂、朱砂桂、红双喜等9个优良品种。

（1）培育砧木　桂花嫁接多用女贞、小叶女贞、小叶白蜡等1~2年生苗木作砧木。其中用女贞嫁接桂花成活率高、植株初期生长快，但伤口愈合不好，遇大风吹或外力碰撞的情况易发生断离。

（2）嫁接时间　嫁接在清明节前后进行。以选晴天无风的天气为好。

（3）嫁接方法　生产上最常用的方法有两种，一是劈接法，二是腹接法。接穗选取成年树上充分木质化的1~2年生的健壮、无病的枝条为宜，去掉叶片、保留叶柄。采用劈接法时，应在春季苗木萌芽前，将砧木自地面4~6cm处剪断再行嫁接。接穗的粗度与砧木的粗度要相配，接穗的削面要平滑，劈接成功的关键在于砧木与接穗的形成层要对齐，绑扎要紧实。采用腹接法时，不需断砧，直接将接芽嵌于砧木上，待嫁接成功后再断砧。无论采取哪种方法嫁接，应尽可能做到随取穗随嫁接。从外地取穗时，务必保持穗条的新鲜度。嫁接后要注意检查嫁接苗的成活率，搞好补接、抹芽、剪砧、解除绑扎带、水肥管理和防治病虫害等工作。

（三）日常管理规程

1. 水分管理

移栽后，如遇大雨使圃地积水时，要挖沟排水；遇干旱时，要浇水抗旱。

2. 肥料管理

除施足基肥外，每年还要施3次肥，即在3月下旬每株施速效氮肥0.1~0.3kg，促使植株长高和多发嫩梢；7月每株施速效磷钾肥0.1~0.3kg，以提高其抗旱能力；10月每株施有机肥（如农家肥）2~3kg，以提高其抗寒能力，为植株越冬做准备。

3. 温度

扦插苗最佳生根地温为25~28℃。

4. 湿度

扦插苗管理最佳相对湿度应保持在85%以上。可采用遮阳、拱塑料棚、洒水、通风等办法控制。

5. 松土除草

在春、秋季，结合施肥分别中耕一次，以改善土壤结构。越冬前垄蔸一次，并对树干涂白一次，可增强植株的抗寒能力。每年除草2~3次，以免杂草与苗木争水、争肥、争光照。

6. 防寒越冬

一般来说，桂花广泛栽种于中国淮河流域及以南地区，其适生区北可抵黄河下游，南可至两广、海南（可露地越冬）。北京、青岛也可以种植桂花。

在冯天哲的《家庭养花300问》中就有说，桂花的幼树在入冬后浇一次防冻水，并在树基部培土护根外，还需用7层厚报纸包裹树干和枝条，这样挂花幼树就能在北京露天过冬了。三年后可不用再包裹过冬。

（四）病虫害防治

1. 桂花常见的叶部病害

桂花常见的叶部病害有褐斑病、桂花枯斑病、桂花炭疽病，这些病害可引起桂花早落叶，削弱植株生长势，降低桂花产花量和观赏价值。防治方法有以下三点。

（1）要减少侵染来源　秋季彻底清除病落叶。盆栽的桂花要及时摘除病叶。

（2）加强栽培管理　选择肥沃、排水良好的土壤或基质栽植桂花；增施有机肥及钾肥；栽植密度要适宜，以便通风透光，降低叶面湿度，减少病害的发生。

（3）药剂防治　发病初期喷洒 1∶2∶200 倍的波尔多液，以后可喷 50% 多菌灵可湿性粉剂 1000 倍液或 50% 苯来特可湿性粉剂 1000~1500 倍液。重病区在苗木出圃时要用 1000 倍的高锰酸钾溶液浸泡消毒。

2. 桂花常见虫害

桂花常见虫害有红蜡蚧，防治方法有以下三点。

（1）发生初期，及时剔除虫体或剪除多虫枝叶，集中销毁。

（2）5 月下旬至 6 月、8 月下旬至 10 月上旬用 30% 强力杀蚧 600 倍液、20% 杀扑磷·噻 800~1000 倍液喷雾，连续 3 次。

（3）及时合理修剪，改善通风、光照条件，将减轻危害。

◎ 五、月季

（一）植物简介

月季（*Rosa* chinensis Jacq.）是蔷薇科蔷薇属的阳性树种，喜光不喜阴，大多数品种适宜的温度为白天 15~26℃，晚上 10~15℃。冬季在气温 5℃时进入休眠。花芽分化类型为多次分化型。

月季多采用扦插和嫁接繁殖。

（二）种植规程

1. 栽培基质

花圃要选择地势平坦，便于排水，通风向阳的良好位置。土壤最好是土质疏松的微酸性土质（pH 为 6.5 左右）。栽植前施足基肥（有机肥、无机肥均可），深翻土地，耙平表面，最好使用阳畦栽培。盆栽以园土 30%，塘泥 30%，细煤渣 30%，混合使用，栽植时最好在盆底层施细饼肥一撮。插床以珍珠岩和细木屑各半混匀作为扦插基质。

2. 扦插苗消毒

扦插前用 50~100mg/kg 的 ABT 生根粉或吲哚乙酸浸蘸插穗基部 3~5min 处理，刺激细胞分裂，促进愈伤组织形成，达到快发根，多发根，提高扦插的成活率。

3. 栽培设施

扦插后生根前主要是保温和保湿。保温主要是保持插壤和基质在一定的温度。北方的硬枝扦插，可采用铺草的方法，既保温又保湿。南方多用搭阴棚，既保温又保湿，还可用勤喷雾的方法来提高插床内空气湿度。到开始生根时，则要逐渐使其见一些散射光，阴棚要昼覆夜揭。同时应注意插壤的清洁卫生，防止病害的发生，可喷低浓度波尔多液保护。当植株生根后，新植株开始迅速生长时，要加强施肥、中耕、除草、病虫害防治等工作。

4. 扦插时间

硬枝扦插，又称休眠期扦插。秋季落叶后至早春发芽前，结合冬季修剪，取月季一年生落叶后的休眠枝，剪成长 10~15cm，具 3~4 个芽的扦穗，插入基质内的深度为插条全长的 2/3，可自然扦插，不作任何技术处理。春扦宜用秋季采集并经过冬藏的枝条，插前再剪成插穗。

注意事项有以下几点。

（1）要正确选择插穗。应在具有优良观赏特性的品种中采取插条。否则，即使扦插成功，观赏价值也不高。

（2）要选树冠中部带较好顶梢、粗细适中的枝条，而且要用其上部的插穗，不选基部太老的部分进行插穗，否则不易愈合生根。

（3）插穗的长度不宜过短，一般应具 3~4 个节，否则，营养物质太少，不易生根，且插穗一定要保鲜。

（4）正确选择基质。

（5）合理利用激素。一定要注意激素的浓度和施用时间，否则会抑制生根。

（6）调节环境温度和湿度。注意喷水量不宜过多，否则插穗基部会腐烂。

5. 栽植

月季可在春季萌动前进行裸根栽植，栽前行强修剪，栽后浇透水。

（三）日常管理规程

1. 水分管理

浇水要掌握干浇，湿排，大小苗入土后均先发根后发棵，发根需要充足的水分和适量的氧气。春季一般少雨多风，苗植后要浇足水，浇后松土。秋季降雨量大，注意及时排涝。冬季植物准备越冬时要合理修剪后追肥一次，水浇足即可。应始终注意保持土壤的良好排水、通风、保肥性能。

2. 肥料管理

月季花喜肥，所以为加速苗木生长，培育理想的棵型和花朵，要及时追肥。可以根下追肥也可叶面喷洒尿素、磷酸、二氢钾、高美施、硫酸亚铁等。切忌早施，暴施，造成肥害。月季常年开花不断，在春季萌动前，可结合浇发芽水施一次稀薄的液肥，之后每隔半月施一次液肥，肥料可用稀释的人畜粪尿，也可与化肥交替使用，夏季炎热季节要停止施肥，秋季可用腐熟的有机肥穴施。

3. 光照

扦插必须保持插条基部处于无光照的环境中，有利于植物生根。因此，插后应覆盖遮阴，防止强光直晒。光照是扦插成败的主要因素，需要特别注意。容器育苗一般选择棕色的玻璃器皿，或在容器外包裹黑色的塑料薄膜。

4. 温度

温度可直接影响愈伤组织的分化速度，扦插后应保持高土温、低气温的环境。插穗基部要维持在 25℃左右，秋季插穗后要覆盖薄膜保温过冬；水插在 15~25℃，20d 左右即可生根，在根长 1~2cm 时进行移栽。温度太低时，植株生根缓慢或不生根；温度过高时，植株蒸腾量大，容易引起枝条失水干枯和幼根损伤，影响植株成活。在淮河流域以北地区要注意做好安全越冬工作。

5. 湿度

湿度是影响扦插成活的主要因素。插穗在生根前主要依靠导管从土中吸收很少的水分以维持新陈代谢。如果土壤缺水空气干燥，水分吸收与蒸腾代谢会产生供求矛盾，导致插穗生根困难，甚至干枯死亡。故扦插后要适量的进行浇水、遮阴和保湿，并经常喷叶面水，保持土壤与空气湿润，以利生根。水插法坚持换水，保持水质清洁，含有足够的氧气促进生根。

（四）病虫害防治

1. 月季病害

月季常见病是黑斑病、白粉病。防治方法有以下两种。

（1）加强苗木的初期管理，增强植株的健壮，本身就抵御了外界自然杂菌的侵袭。

（2）大小苗木入土前用镰菌药物（500 倍多菌灵、托布津均可）浸沾根部下地。春季每隔 7~10d 交叉使用喷 500~800 倍的代森锰锌、百菌清、多菌灵和托布津各一次（波乐多液、石硫合剂也可以）。发现红蜘蛛、蚜虫可用 1000 倍 40% 乐果乳剂、速灭杀丁，可与杀菌药物混合使用。梅雨期和秋雨季是黑斑病发病高峰，夏季温热多雨发病也很强烈，在此期间施药间隔要缩短（7d 喷药一次）喷药注意：一般应在上午 8~10 点，下午 4~10 点进行，晴天无风时喷洒为佳。

2. 月季虫害

月季虫害主要有蚜虫、红蜘蛛、蚧壳虫，及时防治。

◎ 六、丁香

（一）植物简介

丁香（*Syringa Oblata* Lindl.）是木犀科丁香属落叶灌木或小乔木，丁香属植物有 30 种，其中我国有 24 种。另有许多变种、杂种及品种。

丁香主要分布在亚洲温带地区及欧洲东南部。在我国的栽培地分布很广，华北、东北、西北各省市，西延至新疆乌鲁木齐，南至江苏、浙江、湖北等省区，均有栽培。花芽分化类型为夏秋分化型。

丁香可采用播种、扦插、嫁接、压条和分株等方法繁殖。

（二）种植规程

1. 栽培基质

选择土层深厚、疏松肥沃、排水良好的壤土栽培。土壤以疏松的沙壤土为宜。

2. 播种繁殖

果实 7~8 月陆续成熟。鲜果肉质坚实，每千克鲜果有 600~700 粒。开沟点播，沟深 2cm，株行距则随育苗方式不同而异。

苗床育苗，株行距 10cm×15cm；营养砖育苗，株行距 4cm×6cm。播种后盖上一层细土，以不见种子为度，切不要盖土太厚。在播前搭好前棚，保持 50% 的郁闭度。播后 19~20d 即可发芽。3 个月后当植物具有 3 对真叶时，把幼苗带土移入装有腐殖土的塑料薄膜袋或竹笋内，每袋（笋）移苗四株，置于自然林下或人工前棚下继续培育。定植后 5~6 年开花结果。

3. 栽培设施

1~3 年生的幼树特别需要阴蔽，由于植距较宽，可在行间间种高秆作物，如玉米、木薯等，既可遮阴，又可防护，还能增加收益，达到以短养长的目的。

4. 栽植时间

丁香一般在春季萌动前裸根栽植，栽植多选 2~3 年生苗。

5. 种植

深翻土壤，打碎土块，施腐熟的干猪牛粪、火烧土作基肥，每亩施肥 2500~3000kg。平整后，作宽 1~1.3m、高 25~30m 的畦。如果在平原种植，应选择地下水位低的地区，至少在地下 3m。有条件先营造防护林带，防止台风为害。

种植前挖穴，植穴规格为 60cm×60cm×50cm 或 70cm×70cm×50cm 或 80cm×80cm×60cm，穴内施腐熟厩肥 15~25kg，掺天然磷矿粉 0.05~0.1kg，与表土混匀填满植穴，让其自然下沉后待植。

（三）日常管理规程

1. 水分管理

丁香定植后每 10d 浇 1 次透水，连续浇 3~5 次。每次浇水后都要松土保墒，以利提高土温，促进新根迅速长出。生长旺盛及开花时节，每月浇 2~3 次透水。雨季要注意排水防涝。11 月中旬入冬前要灌足冬水。

2. 肥料管理

每穴施 1000g 充分腐熟的有机肥料及 100~150g 骨粉，与土壤充分混合作基肥。生长多年的丁香，每 2~3 年环状或穴状施有机肥 1 次，适当补充土壤肥力。

3. 温度与光照

丁香喜高温，是属热带低地潮湿森林树种，在年平均气温 23~24℃、最高月平均气温 26~27℃、最低月平均气温 16~19℃时，生长良好。引种到我国南方的丁香植株尚有一定忍受低温的能力，当冬季 1~2 月，月平均气温 19~20℃，绝对最低气温 9~10℃时，生长发育正常，仍能抽枝吐叶，当气温为 0℃时，植株死亡。苗期以及 1~3 年生幼树，喜阴，不宜烈日暴晒，成龄树喜光，需要充足的阳光才能开花结果。

4. 除草与覆盖

每年分别在 7、9、10 月，在丁香植株周围除草，并用草覆盖植株，但不要用锄头翻土以免伤害丁香根部，林地上其他地方的杂草被割除作地面覆盖，还可作绿肥，代替天然植被覆盖地面。除草工作直至树冠郁闭而能抑制杂草的生长为止。

（四）病虫害防治

1. 丁香常见病害

丁香常见病害有褐斑病、煤烟病，防治方法有以下两种。

（1）清洁田园，消灭病残株，集中烧毁。

（2）褐斑病防治可在发病前或发病初期用 1：1：100 倍的波尔多液喷洒。煤烟病用 1：1：100 倍的波尔多液喷洒。

2. 丁香常见虫害

丁香常见虫害有红蜡介壳、红蜘蛛、根结线虫病，防治方法有以下两种。

（1）红蜡介壳防治冬季可喷 10 倍松脂合剂，50% 马拉松稀释 1000~1500 倍液喷杀，每隔 7~15d 喷 1 次，连续 2~3 次。

（2）红蜘蛛防治用 0.2~0.3°Bé 石硫合剂和 20% 三氯杀螨砜稀释 500 倍液喷杀。两种液体混合使用效果更好。每 5~7 天喷 1 次，连续 2~3 次。

（3）根结线虫病防治可用 3% 呋喃丹颗粒剂穴施或撒施于根区。

◎ 七、迎春

（一）植物简介

迎春（*Jasminum nudiflorum* Lindl.）是木犀科茉莉花属，花期为每年 3~5 月，可持续 50d 左右。迎春花的同属植物较多，常见的品种有红素馨、素馨花、探春花、云南黄素馨、素方花。

迎春多用来布置花坛，点缀庭院，各种绿地上作园景树栽植，也可作绿篱及盆景栽植，尤其是居高栽植或栽植于屋顶阳台，悬垂的细枝布满花朵，景致更为壮观。迎春是重要的早春花木。花芽分化类型为夏秋分化型。

迎春多采用扦插，也可用压条、分株繁殖。

（二）种植规程

1. 栽培基质

迎春性喜阳光，亦较耐阴，抗寒，耐旱。不择土壤，田园土、沙壤土、微酸或微碱性土均能生长。pH 为 7~8.2。

2. 扦插处理

迎春可干插也可水插。

（1）干插处理　在整好的苗床内扦插后灌透水。

（2）水插处理　①水插插穗：插穗选当年生长健壮，充实，芽眼饱满的枝条。插穗长度一般为 8~12cm，可留 2~4 节，从最下一节的节下约 2mm 处平口剪断，每 10 支绑成一扎，插穗上半段的叶片若太多，可适当摘除，以利植株生根。②容器为口径较大的盆或浅广口瓶或玻璃缸、瓷缸等容器，用前要洗干净。③方法：容器内盛清洁的雨水，河水或自来水，深 8~10cm，然后将绑扎好的插穗排列放进水中，入水深度为 4~6cm。而后把容器放在室外通风、半阴处，水质一定要保持新鲜、洁净，可隔 3~5d 换水一次。一般插后 20d 左右可生出瘤状的愈合组织，35~40d 左右即可长出须根。

3. 栽植时间

迎春在春、夏、秋三季均可进行栽植。水插处理当插穗须根长至 3~5cm 时，必须及时栽植，注意操作时要细心，不要损伤根系。一般栽后遮阴处理 10d 左右，即可进行正常管理。

（三）日常管理规程

1. 水分管理

迎春喜湿润环境，充足的水分可以使植株长势旺盛，枝条翠绿。在日常养护中，可根据土壤墒情浇水，一般每月浇水一次。雨季注意排水防涝，为防止落地枝生根。在秋季要注意控制浇水量，防止枝条徒长，枝条徒长不利于迎春安全越冬。3 年以上的迎春养护，可视土壤墒情和降水量情况来确定，总的原则是保持土壤湿润。

2. 肥料管理

定植前应在穴内施入腐熟的农家肥或堆肥作底肥。每年入冬前或早春萌动前施 1 次腐熟肥，迎春花谢后追施稀薄液肥 1 次，更利于花芽分化，氮肥不可多施。翌年春季花后追施一次氮肥，夏季追施磷钾肥，秋末再施用一次圈肥。

3. 光照

迎春花喜光，但在光照不太足的地方也能生长良好。

4. 温度

一般植物的扦插以保持温度在 20~25℃时生根最快。温度过低植物生根慢，温度过高则易引起插穗切口腐烂。所以，如果人为控制温度，一年四季均可扦插。自然条件下，则以春秋两季温度为宜。迎春耐寒，-10℃的低温不会使植株冻死，经过一段时间的低温处理后，温度应升高到 15℃以上，数日即可开花。

5. 湿度

扦插后要切实注意使扦插基质保持湿润状态，但也不可使之过湿，否则引起腐烂。

（四）病虫害防治

1. 迎春常见病害

迎春常见病害有褐斑病、灰霉病、花叶病、叶斑病，防治方法有以下四种。

（1）清洁田园，消灭病残株，集中烧毁。

（2）种植密度要合理。注意通风，降低空气湿度。

（3）选育抗病品种，加强肥水管理，增施有机肥和磷钾肥，避免偏施氮肥。

（4）褐斑病防治可在发病初期喷洒 70% 百菌清可湿性粉剂 1000 倍液等杀菌剂。灰霉病防治发病初期喷洒 50% 速克灵或 50% 扑海因可湿性粉剂 1500 倍液。最好与 65% 甲霉灵可湿性粉剂 500 倍液交替施用，以防止产生抗药性。叶斑病防治发病后用 50% 琥胶肥酸铜可湿性粉剂 500 倍液，或 72% 农用链霉素可湿性粉剂 4000 倍液喷施。

2. 迎春常见虫害

迎春常见虫害有蚜虫和大蓑蛾，防治方法是用 50% 辛硫磷乳油 1000 倍液喷杀。

◎ 八、榆叶梅

（一）植物简介

榆叶梅（*Prunus triloba* Lindl.）是蔷薇科李属，是华北地区园林中重要的早春观花树种，它生性强健，易于栽培。

榆叶梅的品种分为单瓣榆叶梅、重瓣榆叶梅、半重瓣榆叶梅、弯枝榆叶梅、截叶榆叶梅、紫叶大花重瓣榆叶梅。花芽分化类型为夏秋分化型。

榆叶梅多采用播种、扦插和嫁接繁殖。砧木以山杏、山桃和榆叶梅实生苗为好。

（二）种植规程

1. 栽培基质

扦插繁殖可运用扦插的营养土或河砂、泥炭土等材料。家庭扦插限于条件，很难获得理想的扦插基质，建议使用已经配制好并且消过毒的扦插基质；用中粗河砂也行，但在使用前要用清水冲洗几次。海砂及盐碱地区的河砂不要使用，它们不适合花卉植物的生长。

栽植地应为排水良好的砂质壤土最好，在素沙土中植株也可正常生长，但在黏土中植株多生长不良，表现为叶片小而黄，不发枝，花小或无花。

2. 扦插枝条

嫩枝扦插应在春末至早秋植株生长旺盛时，选用当年生粗壮枝条作为插穗。把枝条剪下后，选取壮实的部位，剪成 5~15cm 长的一段，每段要带 3 个以上的叶节。剪取插穗时需要注意上下剪口都要平整（刀要锋利）。

硬枝扦插时，在早春气温回升后，选取健壮枝条做插穗。每段插穗通常保留 3~4 个节，剪取的方法与嫩枝扦插相同。

3. 栽植时间

栽植时间可选在秋季落叶后至春季萌芽前进行。

4. 栽培设施

扦插后植物遇到低温环境时，保温的措施主要是用薄膜把用来扦插的花盆或容器包起来；扦插后温度太高温时，降温的措施主要是给插穗遮阴，要遮去阳光的 50%~80%。

（三）日常管理规程

1. 水分管理

在栽植时应浇好定根水，保证苗木成活。在进入正常管理后，要注意浇好 3 次水，即早春的返青水、仲春的生长水、初冬的封冻水，要浇足、浇透，保证苗木正常生长。榆叶梅怕涝，在夏季雨天应及时排去积水，以防烂根导致植株的死亡。

2. 肥料管理

榆叶梅喜肥，定植时可用少量腐熟的牛、马粪作为底肥。从第 2 年进入正常管理后，可于每年春季花落后、夏季花芽分化期及入冬前采取环状施肥法各施 1 次肥并及时浇水。榆叶梅在早春开花、展叶后，消耗了大量养分，此时对其进行追肥可使植株生长旺盛、枝繁叶茂；6~9 月为花芽分化期，应适量施入一些磷钾肥，有利于花芽分化和当年新生枝条充分木质化。入冬前结合浇冻水进行施肥，可以有效提高地温，增强土壤的通透性，能为翌年初春及时供给植株需要的养分。在管理中注意结合修剪，控制植株徒长。

3. 光照

扦插繁殖离不开阳光的照射，因为插穗还要继续进行光合作用制造养分和生根的物质来供给自身植株生根的需要。但是，光照太强，会导致插穗体内的温度过高，插穗的蒸腾作用越旺盛，消耗的水分越多，反而不利于插穗的成活。因此，在扦插后必须把阳光遮掉 50%~80%，待根系长出后，再逐步移去遮光网：晴天时每天下午 4:00 除下遮光网，第二天上午 9:00 前盖上遮光网。

榆叶梅应栽种在光照充足的地方，在光照不足时，植株瘦小而花少，甚至不能开花。

4. 温度

插穗生根的最适温度为 20~30℃，温度低于 20℃时，插穗生根困难、缓慢；温度高于 30℃时，插穗的上、下两个剪口容易受到病菌侵染而腐烂，并且温度越高，腐烂的比例越大。

（四）病虫害防治

1. 榆叶梅常见病害

榆叶梅常见病害有黑斑病、根癌病，防治方法有以下三种。

（1）加强水肥管理，提高植株的抗病能力牷秋末将落叶清理干净，并集中烧毁。

（2）黑斑病防治春季萌芽前喷洒一次 5°Bé 石硫合剂进行预防，如有发生可用 80% 代森锌可湿性颗粒 700 倍液，或 70% 代森锰锌 500 倍液进行喷雾，每 7d 喷施一次，连续喷 3~4 次可有效控制病情。

（3）根癌病的防治应加强检疫工作，严防引入带病苗牷并及时防治各类地下害虫牷将发病植株拔出，用经过消毒的刀将瘤状物切除，并涂抹波尔多液牷嫁接工具在使用前要经过严格消毒。

2. 榆叶梅常见虫害

榆叶梅常见虫害有蚜虫、红蜘蛛、蚧壳虫、叶跳蝉、天牛，防治方法有以下几种。

蚜虫可用铲蚜 1500 倍液杀灭；红蜘蛛用 40% 三氯杀螨醇乳油 1500 倍液杀灭；叶跳蝉用 2.5% 敌杀死乳油 3000 倍液杀灭；天牛可用绿色威雷 500 倍液来防治。

实训一 〉〉灌木栽培实训

一、实训目的

通过学习几种常见灌木的栽培技术，掌握灌木栽培种植规程、肥水管理等技术，从而生产出高质量的园林绿地应用植物。此次实验以迎春为例，整理苗床、插穗、做好肥水管理等技术。

二、实训器材

迎春插穗应选择健壮、充实、无病虫害的 1~2 年生枝条，萘乙酸粉剂，酒精，切割刀，竹签，喷壶等。

三、实训步骤

（1）苗床准备　畦面宽 90~100cm，沟宽 30cm，以便排水和管理。苗圃地育苗前深翻晒白，耙细整平，四周挖好排灌沟，将苗床充分浇湿。

（2）插穗剪取方法　将选好的枝条剪成 10~15cm 的小段，上端离腋芽 1cm 左右处剪平，下端离腋芽 1cm 左右剪成 45° 的斜口。剪去所有侧枝，中下部的叶片亦应剪除，以减少水分的蒸发。最上部一对叶片可以保留，用于光合作用，以补充植株营养物质，有利于生根。

（3）插条处理　剪取 6~7cm 长插条，在扦插前要对插条进行药剂处理。在生产上常用的主要有 50mg/kg 的萘乙酸（NAA）或吲哚丁酸（IBA）配制成溶液，将插条下端剪口浸 3~5h；配制 500mg/kg 萘乙酸溶液的方法：将 1g 萘乙酸粉剂，先溶解在 30~50mL 酒精中，然后再徐徐倒入 200kg 清水中稀释即可使用。1g 萘乙酸配制成的溶液，能处理 5000~10000 根插条。

（4）扦插方法　扦插规格一般为行距 6~8cm、株距 4~5cm 左右。扦插时插条顶端离土面 3cm 左右。插条入土 3~4cm，用手使土与插条结合紧密，喷水要喷透。

（5）遮阴浇水　扦插苗初期适当遮阴，一个月左右要早晚见光，只在中午阳光直射的情况下遮阴，直到植株生根为止。为了保证空气中的湿度，要避免空气过分的流通。插后一星期内晴天和傍晚各浇水一次（地膜育苗法除外）。

（6）除草　扦插苗根浅且少，最好用手拔草，以免伤根。拔草后要立即浇水，使土壤与苗根密接，并注意培土，防止根系露出地面。

（7）移植　插穗须根长至 3~5cm 时，必须及时栽植，注意操作时要细心，不要损伤根系。一般栽后遮阴处理 10d 左右，即可进行正常管理。

（8）整形修剪　移植成活的一年生迎春苗短截修剪，促生分枝。

（9）施肥　开花前后适当施 2~3 次薄液肥。

练习题 〉〉

一、填空题

大叶黄杨常见病害有_____、_____、_____、_____，迎春常见病害有_____、_____、_____、_____。

二、判断题

1.迎春栽植时期在夏、秋两季进行；而榆叶梅栽植时期在秋季落叶后至春季萌芽前进行。（　　）

2.月季和丁香常采用扦插繁殖。（　　）

3.月季和丁香都为落叶观花灌木，常出现的病害都为黑斑病和白粉病。（　　）

4.月季插穗扦插前用 50~100mg/kg 的 ABT 生根粉或吲哚乙酸浸蘸插穗基部 3~5min 处理，刺激细胞分裂，促进愈伤组织形成，达到快发根，多发根，提高扦插的成活率。（　　）

5.大叶黄杨喜温暖环境，在春、夏、秋 3 季均可进行扦插，但以 6 月中下旬扦插发根快，生长好。（　　）

6.月季、丁香春季萌动前栽植采用裸根栽植，而大叶黄杨栽植前最好将幼苗根部蘸上厚泥浆。（　　）

三、选择题

1.灌木一般分为常绿和落叶两类，下列属于落叶观花灌木为（   ）。

A.小叶女贞　　　　B.桂花　　　　C.榆叶梅　　　　D.枸骨

2.桂花生产上常采用（   ）繁殖法。

A.播种、扦插　　　　　　　　B.播种、嫁接

C.扦插、嫁接　　　　　　　　D.扦插、分株

3.根据树木年生长发育的特点，秋季以后最好不要施用（   ）。

A.氮肥　　　　　B.磷肥　　　　C.钾肥　　　　D.有机肥

4.一般树木都适生于（   ）的土壤上。

A.中性和微酸性　B.中性　　　　C.pH变化不大　D.酸性

5.在苗木繁殖中，为了保持品种的优良特性，一般不采用（   ）。

A.压条繁殖　　　B.扦插繁殖　　C.实生繁殖　　D.嫁接繁殖

6.为了促进花果观赏类树种的花芽分化，应抓住（   ）采取相应的措施。

A.形态分化期　　B.生理分化期　C.花瓣形成期　D.性细胞形成期

7.为保证嫁接成活，下列选项中错误的是（   ）。

A.动作快　　　　B.削面平　　　C.形成层对准　D.包扎松

8.下列花芽分化类型属于夏秋分化类型的为（   ）。

A.月季、丁香　　B.玉兰、珍珠梅　C.迎春、牡丹　D.木槿、连翘

四、简答题

红叶石楠扦插管理中常见问题及处理方法是什么？如何进行栽培管理？

○ 项目二 〉〉 灌木的修剪与整形

学习目标

　　通过学习几种常见灌木的修剪与整形技术，掌握适合常见灌木的修剪方法、整形技术，旨在培育合理树形、优质苗木应用到园林绿化中。

学习重点与难点

　　学习重点：几种常见灌木整形类型。

　　学习难点：几种常见灌木修剪技术。

项目导入

　　修剪与整形是园林植物栽培过程中精细化管理中的一项主要内容。修剪对于调整树势、培育树形、促进开花结果、提高树木的观赏水平具有非常重要的

作用。灌木在园林植物群落中属于中间层，起着乔木与地面、建筑物与地面之间的连贯和过渡作用。按其自然生长规律、特性及应用的需要，合理整形、修剪为提高经济效益和园林绿化观赏效果起到保障作用。

常绿灌木整形修剪类型常见分为单干式、绿篱式。以大叶黄杨、枸骨、桂花为例进行介绍。

一、大叶黄杨修剪与整形

（一）树形选择

大叶黄杨是萌芽力、成枝力强、耐修剪的树种，密集呈带状栽植而成，起防范、美化、组织交通和分隔功能区的作用。

（二）整形与修剪

1.绿篱式

大叶黄杨绿篱的高度依其防范对象来决定，有绿墙（160cm以上）、高篱（120~160cm）、中篱（50~120cm）和矮篱（50cm以下）。绿篱进行修剪，既为了整齐美观，增添园景，也为了使篱体生长茂盛，长久不衰。不同高度的绿篱，可采用不同的整形方式，一般有下列两种。

（1）绿墙、高篱和花篱采用较多。适当控制高度，并疏剪病虫枝、干枯枝，任枝条生长，使其枝叶相接紧密成片提高阻隔效果。用于防范的绿篱和玫瑰、蔷薇、木香等花篱，也以自然式修剪为主。开花后略加修剪使之继续开花，冬季修去枯枝、病虫枝。对蔷薇等萌发力强的树种，盛花后进行重剪，使新枝生长粗壮，篱体高大美观。

（2）中篱和矮篱常用于草地、花坛镶边或组织人流的走向引导。这类绿篱低矮，为了美观和丰富园景，多采用几何图案式的修剪整形，如矩形、梯形、倒梯形、篱面波浪形等（如图5-1、图5-2、图5-3所示）。绿篱种植后剪去高度的1/3~1/2，修去平侧枝，统一高度和侧萌发成枝条，形成紧枝密叶的矮墙，显示植株的立体美。绿篱每年最好修剪2~4次，使新枝不断发生，更新和替换老枝。整形绿篱修剪时，顶面与侧面兼顾，不应只修顶面不修侧面，这样会造成顶部枝条旺长，侧枝斜出生长。从篱体横断而看以矩形和基大上小的梯形较

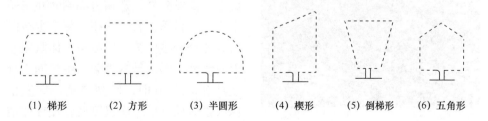

(1)梯形　　(2)方形　　(3)半圆形　　(4)楔形　　(5)倒梯形　　(6)五角形

图5-1　绿篱修剪整形的侧断面图

图 5-2　梯形绿篱

图 5-3　柱形绿篱

下面和侧面枝叶采光充足，通风逼真，不能任枝条随意生长而破坏造型，应每年多次修剪（如图 5-1 所示）。

2. 单干球杆型

培育球杆型大叶黄杨，最重要的是抹芽要及时。扦插成活后，要及时抹芽，保持其顶端优势，当枝条长至 50cm 时，要及时摘心，以促发侧枝生长。随着植株枝条的生长，地上部 50cm 处不留枝叶，50cm 以上的新梢要及时修剪，促使其萌发新枝。经修剪后的大叶黄杨，其枝条极易抽生，故扦插苗成活后需多次修剪，并对萌发枝条合理取舍，以维持一定的树形。在 11 月中旬，要给大叶黄杨加盖塑料膜抵挡寒风，第二年早春对其再次进行修剪，通过修剪对其整株进行造型设计，通过多次修剪整形，便可使大叶黄杨成为枝干独特的球杆形。

◎ 二、枸骨修剪与整修

（一）树形选择

枸骨树形选择可作低杆矮球形造型、高干球形造型、多台球形造型。

（二）整形与修剪

图 5-4　枸骨低杆矮球形

1. 低杆矮球形（如图 5-4 所示）

枸骨的单干球形造型，当播种小苗基径达 2~3cm 时，在离地 60~70cm 处截干，促发分枝，选留分布合理的 3~5 个主枝。春季，通过抹芽使每个主枝保留 3~4 个分枝作第一层侧枝，休眠期修剪时短截，形成基本骨架。生长期当分枝达 30~40cm 时，修剪枝梢，促发植株大量分枝，形成次级侧枝，使球体增大，剪除畸形枝、徒长枝、病虫枝。一般每年可进行 2~3 次修剪，使球形在外观和紧密度等方面符合质量要求。

2. 高干球形

枸骨主干明显，适宜培养高干球形。因枸骨幼苗期生长较缓慢，常从自然生长的枸骨中选择主干明显、直立状较好的植株。在主干高 1.3~1.5m 处截干，要求主干分枝在 1.2m 以上，下部侧枝全部疏掉，并对主梢打顶促发侧枝。以后按球形造型方法修剪即可。

枸骨高干嫁接球形，可在砧木上嫁接 5~6 个花叶枸骨枝条，嫁接后注意及时抹芽，促接芽萌发。以后按一般球形造型方法进行修剪，要注意剪除砧木主干及基部的萌芽。

3. 多台球形

修剪多台球形时，应选择主干明显，直立状较好的植株，培养为高度 2.5mm 的有主干三台球形，主干离地 50cm，三台（层）球形高度可设计为 50cm、40cm、30cm，间距为 45cm、35cm。球径从下往上三球渐小、比例协调为宜。需剪去主干在一、二层球形和二、三层球形间的所有枝条，其余枝条修剪为三个球形。当新枝抽梢 20~30cm 时修剪为宜，需多次修剪，使各层球形圆实紧凑。

4. 移植与出圃修剪

枸骨须根稀少，苗期应多移植，促进根系生长。移植时需带土球移植，操作时要防止散球。移栽可在春秋两季进行，以春季较好。移植时剪去部分枝叶，以减少蒸腾，提高成活率。

◎ 三、桂花修剪与整形

（一）树形选择

桂花分枝方式为假二叉分枝，局部有合轴分枝。生长或开花特征是树冠浑圆整齐，萌芽力强，一年有多次新梢；初夏有新梢顶处的腋芽分化。桂花整形修剪因树而定，根据树姿将大框架定好。采用多枝闭心形整形。

（二）整形与修剪

开花植株修剪季节一般在花后。修剪要点为整理杂枝，疏剪秋梢及多余夏梢，大部分春梢长放；修剪不宜重。

1. 除萌和抹芽

除萌和抹芽是在新芽刚刚萌发或新梢刚刚开始抽生的早期，新梢尚未木质化之前将它们抹除的一种方法。桂花嫁接后（枝接或芽接剪砧后）的除萌抹芽特别重要。

2. 摘心和扭梢

摘心和扭梢主要针对正在迅速生长的新梢进行。摘除新梢先端的幼嫩部分，可以控制新梢的生长高度，促进枝条的老熟，刺激侧枝的分生。扭枝是将半木质化的新梢扭伤，通过损伤木质部的输导组织，削弱该枝条的生长势，并保留该枝条叶片的光合功能。摘心和扭梢用于新梢生长势的调控。

3. 整形修剪

（1）定干整形 幼年期及早确定树形，整形带按需要而定，一般在40~100cm范围内。定植后于早春在树干80~100cm壮芽处短截，抹去一个对生芽，形成直立性的延伸枝。以后待整形带以上有5~6个主枝可选留时，截去中干，再在各主枝上选留若干个侧枝，形成内部丰满，外形圆整的圆头形树冠，培养过程需3~4年，进入成熟期后的养护修剪可在3~4月进行，但由于此时修剪可能会干扰其花芽分化，个别地区以花后即秋末冬初进行修剪工作居多。

（2）培育花枝修剪 自然的桂花枝条多为中短枝，每枝先端生有4~8枚叶片，在其下部则为花序。枝条先端往往集中生长4~6个中小枝，每年可剪去先端2~4个花枝，保留下面2个枝条，以利来年长4~12个中短枝，树冠仍向外延伸（如图5-5所示）。

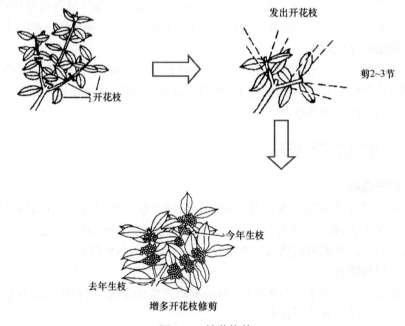

图5-5 桂花修剪

养护修剪以疏剪为主，除少量杂枝需要整理外，疏剪对象主要是秋梢（通常称副梢）和过多的二次枝（即后期的夏梢），一般的做法是"见五去二，见三去一"，即密处疏剪，修剪量要小。特别要注意的是应保留生长壮实、早停止生长的春梢，因为它是翌年开花的结果母枝。养护修剪通常不用短截，总体上不可重剪，以免刺激植株徒长。在养护修剪的同时，要兼顾各类枝条的均匀分布，树冠内部要保持适当充实。总体上树冠的上半部修剪强些，下半部修剪弱些，以平衡树势。如果要控制树体扩展，可对长枝用换头方法回缩，但需注意宜分期进行，不要一次回缩过多。

落叶灌木常见地表分枝多干型（如贴梗海棠）、丛生型（如棣棠、红瑞木、黄刺玫、珍珠梅、玫瑰）、蔓生型（如迎春）。整形修剪类型为自然多干形。

四、贴梗海棠修剪与整形

（一）树形选择
贴梗海棠属于地表分枝多干型灌木，树形的选择多为自然多干形灌木。

（二）整形与修剪

1. 定干整形
1~2 年生苗经分栽后，应及时将多余的蘖枝和纤弱枝剪除，选留 4~5 个强壮的枝条作为主干，于冬季或早春发芽前对主干进行修剪，以强枝少剪、弱枝多剪的原则，形成高低错落的灌木形树冠（如图 5-6 所示）。

2. 培大苗修剪
多主干形成后，于冬季或早春发芽前，在每个主干上选留 2~3 个方向各异互补交错的壮芽，抹去弱芽与交错芽，使植株形成健壮的主枝，待休眠期将各主枝进行适当短截修剪，仍坚持强枝少剪、弱枝多剪的原则，并继续疏剪蘖枝与弱枝，减少营养损耗，使植株旺盛生长（如图 5-7 所示）。

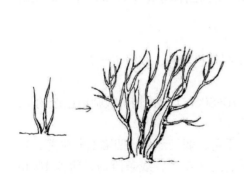

图 5-6　多干式树形培养方法

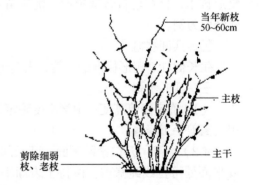

图 5-7　海棠的整形与修剪图

3. 疏剪植株
疏剪植株基部衰老枝、拥挤枝，根据需要短截徒长枝 1/2~1/3 作为更新枝或全部剪除，保持树冠通风透气。当新枝长高 50~60cm 时，及时进行摘心，对长势较弱的植株，应及时摘除果实，减少营养消耗，有利于植株翌年开花。

4. 移植与出圃修剪
一般无须大修剪，仅对病虫害枝（防止病虫蔓延）、枯萎枝、过密枝进行疏剪。

移植时应带泥球，保持根团湿润，提高植株成活率。

五、棣棠修剪与整形

棣棠属于丛生型落叶灌木。通过分株、扦插等营养繁殖的苗木保留 20cm 高短截，春季自地表萌发很多枝条，从中选 5~6 枝进行培养，其余的自基部剪除，以后每年都会从植株根部产生很多蘖苗，但不一定要每年修剪。

六、迎春修剪与整形

迎春属于蔓生型灌木。将扦插成活的一年生迎春苗进行短截修剪，促生分枝，当主枝数达到 5 个、主枝长 60~80cm、蓬径 50cm 以上，灌高 50cm 以上时就可以出圃了。

实训二〉〉灌木整形修剪实训

一、实训目的
通过学习常见几种灌木的修剪与整形技术，掌握适合常见灌木的修剪方法、整形技术，旨在培育合理树形、优质苗木应用到园林绿化中。以大叶黄杨绿篱式修剪为例。

二、实训器材
生长健壮、树形标准的绿篱，大篱剪 / 绿篱机修剪，线绳（一卷）。

三、实训步骤
（1）确定修剪高度　中篱高度确定为 70~80cm（根据情况教师自己选的），用大篱剪手工修剪。

（2）标准　刀口紧贴篱面，旺长部分重剪，弱长部分、凹陷部分少剪，直线平面处可拉线绳修剪。保持上表面平整、边角整齐、线条流畅，新梢 10cm 以上即需要修剪。

（3）要求　剪去新长枝叶，保持形态。如采用绿篱机修剪后，应手工修剪齐。

练习题〉〉

一、填空题
1.大叶黄杨绿篱的高度依其防范对象来决定，有＿＿＿＿＿＿＿＿＿＿、
＿＿＿＿＿＿＿＿＿＿、＿＿＿＿＿＿＿＿＿＿和＿＿＿＿＿＿＿＿＿＿。

2.贴梗海棠在冬至和早春时节整形定干原则＿＿＿＿＿＿＿＿＿＿。

二、判断题

1.枸骨幼苗生长慢，不适宜培养高干球形树形。（　　　）

2.自然的桂花枝条多为中短枝，每枝先端生有 4~8 枚叶片，在其下部则为花序。枝条先端往往集中生长 4~6 个中小枝，每年可剪去先端 2~4 个花枝，保留下面 2 个枝条。（　　　）

3.大叶黄杨是萌芽力、成枝力弱的植物，为不耐修剪的树种。（　　　）

4.桂花修剪要点为整理杂枝，疏剪秋梢及多余夏梢，大部分春梢长放；修剪不宜重。（　　　）

5.落叶灌木整形修剪类型多为自然多干形。（　　　）

6.培育球杆型大叶黄杨，最重要的是短截要及时。（　　　）

三、选择题

1.绿篱修剪时横断面以哪种形态最不利于篱体的生长和发育（　　　）。

A.方形　　　　　　B.球形　　　　　C.杯形　　　　　D.梯形

2.绿篱修剪时最有利于篱体的生长和发育的横断面形状为（　　　）。

A.方形　　　　　　B.球形　　　　　C.杯形　　　　　D.梯形

3.灌木逐年疏干更新修剪应该（　　　）。

A.去老留幼　　　B.去密留疏　　　C.去弱留强　　　D.去叶留枝　E.去枝留干

4.桂花养护修剪以（　　　）为主。

A.疏剪　　　　　　B.轻短截　　　　C.摘心　　　　　D.捻梢

四、简答题

以贴梗海棠为例，试述地表分枝多干型灌木整形修剪？

○ 项目三 >> 乔木的栽培

学习目标

　　通过学习几种常见乔木的栽培技术，掌握乔木繁殖方法、栽培种植规程、日常管理等技术，以期能生产出高质量的园林绿地所应用乔木植物。

学习重点与难点

　　学习重点：几种常见乔木繁殖方法和种植规程。

　　学习难点：几种常见乔木肥水管理及防治技术。

项目导入

乔木种类多，有针叶树、常绿阔叶树、落叶阔叶树，在园林绿化中的用途和应用方式可以分为庭荫树、行道树、孤赏树。同灌木一样在园林景观营造中占有重要地位，为园林绿地绿化起到重要作用。以几种常见乔木为例介绍繁殖方法、种植规程、日常管理等技术。

◎ 一、雪松

（一）植物简介

雪松 [*Cedrus deodara* （Roxb.）Loud.] 为松科雪松属植物，为阳性树种，常绿大乔木。小苗生长缓慢。在幼龄阶段能耐一定的蔽阴，大树则要求较充足的光照，否则生长不良或萎蔫。

树冠塔形，树姿端庄，挺拔苍翠。宜孤植、对植，也可作较宽的绿带列植，成片、成行栽植。

雪松的育苗方法有种子繁殖和扦插繁殖，以播种法养殖的雪松实生苗，具有枝条匀称、萌发力强、树形好、对不良环境的抗性强等优点，是扦插养殖的取穗母树。

（二）种植规程

1. 栽培基质

雪松苗木怕旱怕涝，因而育苗圃地要选建在排灌便利、土壤微酸、土层深厚肥沃的沙质土壤地区。切忌在多年的菜地、老圃地上育苗。

圃地在翻耕时应施足饼肥或腐熟的栏肥作基肥，如用良田育苗，每亩还要加施钙镁磷肥 50kg；在最后一次耕耙前，每亩撒施敌克松 1~1.5kg 或硫酸亚铁 10~15kg 进行土壤消毒，然后做成深沟高畦的苗床，床面要整细，筑成龟背形；筑好的床面再铺上一层 3~5cm 厚的不带病菌、比较肥沃、疏松并经过筛的山上生土。

做好播后苗畦覆盖，这是雪松育苗成功的关键措施。播种后不仅要盖土，而且还要上一层薄的狼衣草或稻草，再用喷水壶将水洒在上面保持床面湿润，当出苗 70% 以上时揭去覆草，为防止刚出土的幼苗因遭雨淋而受损失。

2. 种子处理

种子播前要经过浸种催芽，以冷水浸种 96h 效果最佳；也可用 45~50℃温水浸各 24h，浸后用 0.1% 高锰酸钾消毒 30min，然后用清水冲净晾干播种，切忌带湿播种。播种时间一般在"春分"前进行，宜早不宜迟，以条播为好，行距 10~15cm，株距 4~5cm；种子宜立插在播种沟上，每亩播种量 7.5~10kg，播后用黄心土或焦泥灰覆上 0.5~1cm，也可运用穴盘育苗。

3. 栽培设施

播种后还应在覆草后立即搭设矮层薄膜棚。

4. 种植时间

种子于 3 月下旬至 4 月下旬出土。4 月中下旬苗木子叶全部展开，这时苗高 4~7cm，主根长 4~8cm，侧根尚未生出或刚开始生长，应及时将这样的芽苗移至某大田或容器中。移栽时，将芽苗从砂床轻轻挖出，放在预先装有清水的盛苗器内。

5. 种植

芽苗移入大田，用一根宽 2cm 的剑形竹签，插入土中，开出比芽苗的根略深一些的穴缝，将芽苗根部随即放入其中，如用容器移栽，可采用高 20~25cm，直径 7~10cm 的通底塑料袋，装满营养土，整齐地排列在 1m 宽的苗床上。移栽芽苗，要掌握土壤不能过干过温，芽苗宜小不宜大。一般移栽后 10~15 天，幼苗相继长出新根。大田移栽的株行距为 30×30cm。

雪松苗的园林栽培移栽应在春季进行，移栽必须带上土球，高为 3m 以上的大苗移栽必须立支架。株形距从 50~200cm，逐步加大；及时浇水，旱时常向叶面喷水，切忌栽在低洼水湿地带。移栽不要疏除大枝，以免影响观赏价值。移栽成活后的秋季施以有机肥，促其发根，生长期可施 2~3 次追肥。

根据雪松高度，不同高度雪松栽植株行距如表 5-2 所示。

表 5-2　　　　　　　　不同高度雪松栽植株行距

株高 /cm	株行距 /cm	株高 /cm	株行距 /cm
50	50×50	200	200×200
100	100×100	250	250×250
150	150×150	300	300×300

（三）日常管理规程

1. 水分管理

雪松发芽前期及幼苗生长初期保持较高湿度有利于发芽及幼苗生长，而基质和空气湿度过高则易使植株生长过快，这样不利于植株根系生长，一般空气相对湿度应控制在 75%~85%。

雪松大树移栽后，第一次浇水应浇透，扶架完毕后浇水。在三天后浇第二遍水，十天后浇第三遍水。为保证成活率，栽植的第四天结合浇水用 100mg/kg ABT 生根粉 3 号作灌根处理。三次浇水之后即可封穴，用地膜覆盖树穴并修整出一定的排水坡度，防止因后期养护喷雾造成根部积水。地膜可长期覆盖，以达到防寒和防止水分蒸发的效果。

2. 肥料管理

如果是穴盘育苗，穴盘每格体积小，所用基质少，又多为无土基质，保肥力差，对外界的缓冲能力较弱，所以雪松穴盘育苗施肥应掌握薄肥勤施、由稀到浓原则，多用液体肥进行叶面喷施。一般施肥可分两个阶段：幼苗期不施或施用全营养叶面肥，大苗期以 1~2mg/L 全营养叶面肥喷施。整个苗期应不定时检测植株发育状况、营养状况，并及时调整施肥方案。南京雪松苗定植前可追适量饵、钙肥，以促进根系生长，提高苗移植成活率。

雪松成活后，秋季施有机肥，以促其发根，生长期可施 2~3 次追肥。

3. 光照

如果采用穴盘育苗，当光照较强时南京雪松幼苗不易徒长，节间短，分枝性好，生长健壮，但光照过强会减少植物的同化作用从而影响雪松植株的生长，并易造成叶片灼伤。而当光照弱时，容易引起幼苗徒长，且生长瘦弱，分蘖减少。一般穴盘育苗光照强度以 2.5 万 ~3.5 万 lx 较为适宜，具体也应视季节、苗龄及树种而异。

4. 温度

雪松播种后并管好棚内温度，当棚内温度保持在 15~20℃时，要进行通风；若外界是气温在 15℃以上的晴天，白天可揭开薄膜，晚上再盖好。待幼苗长出真叶时拆除矮棚，再搭高架荫棚。

5. 防寒、培土、支架

一年生苗木高 15~20cm，越冬时注意防寒，在第二年留床或移植。二年生苗高 30~40cm，注意防寒、培土。新植雪松由于树冠大、根系少，固地性能差，遇大风容易倒伏，因此需要培土，采用支撑或拉绳固定，防止倒伏。具体方法有以下两种。

（1）在雪松基部培土，培土高度在 30~40cm，培土后踏实。

（2）支撑或用绳斜拉固定，每株雪松用 3 根竹竿或木棍，按 120° 夹角支撑固定，或用麻绳（尼龙绳）按 120° 夹角斜拉固定，高度在 130cm 左右。

（四）病虫害防治

1. 雪松常见病害

雪松常见病害有立枯病、黄叶病。

防治方法有以下几种。

（1）立枯病防治方法

①选好圃地：宜选择排水方便、疏松肥沃的壤土，忌用沙地、地下水位高、排水不良的黏重土壤及土壤 pH 在 8 以上的碱性土壤，避免在蔬菜地、棉麻地和连年育松苗、杉苗并且容易发病的圃地育苗。

②土壤处理：施用硫酸亚铁 1500kg/hm²，将碾细的药 2/3 撒于做好的苗床上，用耙子搂入 5cm 厚的土层内，其余 1/3 用细土混匀进行覆土。施用硫酸亚铁可壮苗、疏松土壤、降低土壤 pH，又能防病。

③拌种：育苗时用拌种双拌种。用量为种子重量的 0.1%~0.2%。

④土壤消毒：用 25% 多菌灵可湿性粉剂 5g/m²，按 1：200 比例与细土混合，播种时垫床。

（2）黄叶病防治方法 多在 6 月末 7 月初发生，苗叶全部变黄，很快脱落，只剩苗茎直立。

①植苗不要过深，并且要防止根系抽干。

②施底肥时加入适量的磷肥，不要多用氮肥。

③针对缺铁土壤，可叶面喷施 0.2%~0.5% 硫酸亚铁水溶液、0.3%~0.5% 氨基酸铁，用强力树干注射器按病情程度注射 0.05%~0.1% 的酸化硫酸亚铁溶液。

2. 雪松常见虫害

雪松常见虫害有地老虎。

防治方法有以下三种。

（1）加强苗圃管理　及时中耕除草，减少地老虎的危害。

（2）诱杀成虫　在发蛾盛期用黑光灯或糖醋酒液诱杀。

（3）捕捉幼虫　于清晨在断苗周围或沿着残留在洞口的被害茎叶，将土扒开 3~6cm，即可捕到高龄幼虫。

◎ 二、圆柏

（一）植物简介

圆柏［*Sabina chinensis*（L.）Ant.］是柏科圆柏属植物，又称桧柏、刺柏，为常绿乔木。圆柏生长较慢，寿命很长，可达千年以上。

圆柏树体高大，枝叶密集葱郁，树形变化多样。常配植于陵园、园路转角、亭室附近，适宜树丛林缘列植或丛植，或作行道树或植于高大建筑物北侧；也可群植与草坪边缘作主景树的背景，或作绿篱柏墙，颇为相宜。

圆柏的繁殖常采用播种等方法，对优良的品种、变种等采用扦插和嫁接繁殖，嫁接繁殖时用侧柏作砧木。

（二）种植规程

1. 繁殖方法

（1）播种法　播前种子用温水浸种催芽，直到种子吸水并膨胀起来或当有一半开裂时即可播种，条播，覆土厚 1~5cm，约 20d 发芽出土。

（2）扦插法　扦插夏季以 1 年生嫩枝较易成活。6~7 月选 1~2 年生枝条，剪成 15cm 左右的插穗，基部速蘸匕萘乙酸水溶液后，插于塑料拱棚内的沙床上，每天喷水 1~2 次。

2. 栽培基质

以中性、深厚、肥沃及排水良好的土壤上生长最佳。扦插土以沙土为好。

3. 栽培设施

播种后盖稻草或搭塑料拱棚。扦插时设荫棚，高温时喷水降温，50d 左右可生根，逐渐拆除拱棚及荫棚后，进行正常的管理。

4. 种植时间

移栽宜在春季或雨季进行，当大部分的幼苗长出了 3 片或 3 片以上的叶子后就可以进行移栽了。

5. 种植

小苗移植时可带宿根土；大苗移植时，需注意勿伤损根部土团。

（三）日常管理

1. 水分管理

播后可用喷雾器、细孔花洒把播种基质淋湿，当盆土略干时再次淋水，仍要注意浇水的力度不能太大，以免把种子冲起来。圆柏耐干旱，浇水不可偏湿，不干不浇，做到见干见湿。

2. 光照管理

圆柏幼苗喜荫，极耐寒。

3. 温度管理

在深秋、早春季或冬季播种后，如遇到寒潮低温天气，可以用塑料薄膜把花盆包起来，以利于种子保温保湿；幼苗出土后，要及时把薄膜揭开，并在每天上午 9:30 之前，或者在下午 3:30 之后让幼苗接受太阳的光照，否则幼苗会生长得非常柔弱。

（四）病虫害防治

1. 圆柏常见病害

圆柏的常见病害有锈病等。防治方法有以下三种。

（1）加强栽培管理。避免在苹果、梨园等附近种植。

（2）剪除菌源冬季剪除圆柏上的菌瘿和重病枝，集中烧毁。

（3）在 10 月中旬至 11 月底，喷施 0.3% 五氯酚钠以杀除传到圆柏上的孢子。3 月上旬，在圆柏上喷施 3~5°Bé 石硫合剂 1~2 次，或 25% 粉锈可湿性粉剂 1000 倍液，可有效抑制冬孢子萌发产生担孢子。

2. 圆柏常见虫害

圆柏的常见虫害有侧柏毒蛾、双条杉天牛、红蜘蛛危害，要及时防治。

◎ 三、广玉兰

（一）植物简介

广玉兰（*Magnolia grandiflora* L.）为木兰科木兰属的植物，又名荷花玉兰，洋玉兰，为常绿乔木。原产美洲，北美洲以及中国大陆的长江流域及其以南地区有栽培，北方如北京、兰州等地也有引种。广玉兰喜阳光，幼时亦颇耐阴。广玉兰幼年期生长缓慢，10 年后可逐渐加速，生长速度中等，每年增高 0.5m 以上。

广玉兰花大且香，可孤植、对植、丛植、群植配置，也可作行道树。

广玉兰多采用播种和嫁接法繁殖。

（二）种植规程

1. 繁殖方法

（1）播种法　播种期有随采随播（秋播）及春播两种。床面平整后，开播种沟，沟深5cm，宽5cm，沟距20cm左右，进行条播，将种子均匀播于沟内，覆土后稍压实。第二年即可移栽，培育大苗。

（2）嫁接法　广玉兰嫁接常用木兰（木笔、辛夷）作砧木。木兰砧木用扦插或播种法育苗，在其干径达0.5cm左右即可作砧木用。3~4月采取广玉兰带有顶芽的健壮枝条作接穗，接穗长5~7cm，具有1~2个腋芽时，剪去其叶片，用切接法在砧木距地面3~5cm处嫁接。接后培土，微露接穗顶端，促使伤口愈合。也可选用腹接法进行，接口选择距地面5~10cm。有些地区用天目木兰、凸头木兰等作砧木，嫁接苗木生长较快，效果更为理想。

2. 栽培基质

播种苗床要选无病虫害的新地，以土层深厚的黄土或砂壤土为宜，设高床，行条播，基肥可用充分腐熟的人粪尿、枯饼末，在整床前翻入土内。切不可用垃圾作基肥，以免带病、带菌。

栽植最适宜选土层深厚、排水良好、略带酸性的黄土或沙质壤土，在中南地区通常选择露地栽培。

3. 栽培设施

广玉兰播后幼苗出土时为4月下旬5月上旬，此时可设荫棚，透光度为40%，可在9月中下旬拆除荫棚，遮光物可用杉、竹帘等，以竹帘之类能随时揭盖的遮光物为最理想。

4. 种植时间

一年生苗高30~40cm时，当年10月可以移栽。

5. 种植

为确保工程质量，不论苗木大小，移栽时都需要带土球，更因其枝叶繁茂，叶片大，新栽树苗水分蒸腾量大，容易受风害，所以移栽时应随时疏剪叶片，如土球松散或球体太小，根系受损较重，还应疏去部分小枝或赘枝。

（三）日常管理规程

1. 嫁接苗抹除砧木萌芽

第一年一般砧木刚露出芽苞即要抹除。初春气温低，每周抹芽至少一次，以后随着萌芽迅速生长，三四天抹一次始终保持砧木没有萌芽生长，保证接穗生长有充足的养分和水分供应。第二年一般从3月中旬起，每周进行一次抹芽即可，至7月份后，根据萌芽生长情况宜半个月进行一次抹芽，直至秋季植株停止生长为止。经过3年的生长，广玉兰嫁接苗高一般为1.5~2m，胸径2cm左右，定干高度为1.3~1.5m，这时便可以出圃了。

嫁接苗抹除萌芽和摘除幼嫩侧枝是嫁接后苗木管理的两个关键技术措施，决定着苗木定干定型和出圃的时间，正确的管理措施是缩短育苗周期、提高经济效益的有效途径。

2. 水分管理

栽植后应及时浇水，以保持土壤湿润为宜，每15d在叶面喷水一次，保持叶面清洁无尘。旱季增加浇水次数，梅雨季节做好排水。

3. 肥料管理

播种育苗要选排水良好的地区，使幼苗一般不发生严重的病虫害，苗期追施速效氮肥3~4次。

嫁接苗第一年一般不需要施肥，第二年在5月下旬，锄草松土完成之后，追施一次速效肥。一般在降雨前开沟施速效肥或降小雨期间撒施速效肥。7月底施一次氮磷钾复合肥，但以开沟施肥为佳。

广玉兰为喜肥树种，春季开花前应施1次有机肥，秋季可深翻土壤，并施腐熟的厩肥。

4. 光照

广玉兰树枝干最易为烈日灼伤，以致皮部爆裂枯朽，形成严重损伤，不论大树小苗、新栽或成林树，凡夏季枝干有暴露于烈日之下的，应及早以草绳裹护或涂抹石灰乳剂，以免造成不可挽救的损失。

广玉兰露地栽植周围应配以乔木、灌木栽植，起到侧方庇荫，避免主干出现日灼现象，使植株生长不良。

5. 松土除草

由于苗期生长缓慢，要经常除草松土。5~7月间，施追肥3次，可用充分腐熟的稀薄粪水。

一般每月一次，做到无杂草滋生，消耗土壤中的养分和水分，给苗木生长提供充足的营养空间和水分养分的供给。

（四）病虫害防治

1. 广玉兰常见病害

广玉兰的常见病害有叶斑病、炭疽病、干腐病，防治方法有以下两种。

（1）及时清除病残体。

（2）叶斑病防治定期喷洒多菌灵、甲基托布津等杀菌剂。炭疽病防治可用50%多菌灵可湿性粉剂500倍液喷洒。干腐病防治注意修剪枝条的伤口保护，及时涂抹保护剂；发病后可涂抹70%托布津800倍液进行防治。

2. 广玉兰常见虫害

广玉兰的常见虫害有蚧壳虫、卷叶蛾，防治方法有以下两种。

（1）蚧壳虫防治若虫尚未分泌蜡质时，用菊酯类杀虫剂喷杀。

（2）卷叶蛾防治可喷布1000倍98%晶体敌百虫2~3次。

四、香樟

（一）植物简介

香樟[*Cinnamomum camphora*（L.）presl]是樟科樟属的植物，为常绿乔木。我国特产，分布于长江流域以南及西南地区，为亚热带树种。生长速度中等偏慢，幼树生长快，成年后生长缓慢，寿命可长达千年以上。

香樟树姿雄伟、树冠广展，四季常青、枝叶繁茂，可孤植、丛植、片植作主景、背景树。

香樟常采用播种繁殖，也可分蘖繁殖。

（二）种植规程

1.播种法

播前用 0.5% 的高锰酸钾溶液浸泡 2h 杀菌，并用 50℃温水间歇浸种 2~3 次催芽。采用条播，以高床为宜，土壤整细压平。播后 20~30d 发芽，而且发芽整齐。播后用火土灰或黄心土覆盖，厚度为 2~3cm，以不见种子为度，并浇透水。

2.栽培基质

圃地应选择土层深厚、肥沃、排水良好的轻、中壤土。在翻耕时应施有机肥作基肥，以改良土壤，增加肥力。

3.栽培设施

播后苗床注意保墒，可覆稻草，出苗后即可揭去稻草。幼苗越冬时要设风障或在苗行中填塞碎草以防寒。

4.移栽时间

当真叶长至 5~6 片时，可进行第一次移栽。1 年生苗高 50~70cm 时，可进行第二次移苗。陕南地区香樟树移栽在春季以 3 月中下旬至 4 月中旬，秋季以 9 月为宜；广东地区香樟树移栽在冬季 1~3 月均可；无锡则是在 3 月下旬至 4 月中上旬为最佳时机，梅雨季节作为补植良机。

5.移植

香樟起苗需带护根，有利于香樟的成活。移栽次数越多，根系越发达，成活率越高。苗木移栽密度可按 0.5m×0.3m 进行。注意 1 年生香樟幼苗易受冻害，移时要剪掉晚秋梢，用稻草覆盖保墒。出圃苗以地径 2~4cm 为宜。苗木主干树皮应呈绿色，若树干呈黑褐色，说明树苗老化不宜栽植。去枝数量按移栽培养的年数而定。

若为大苗栽植，要注意少伤根，带土球，并适当疏去 1/3 枝叶，并且定植后除肥水等日常管理外，每年还需在春秋季进行整形修剪工作。

（三）日常管理

1.水分管理

香樟属于既不耐旱又不耐湿的植株，在春夏季应保证给予香樟植株充足的肥料并进行水分供应，使其生长达到最大限度。秋季应控水。

种植香樟树不论是阴天或晴天都应及时浇透一次定根水。遇到干燥、暴晒的天气要每 7d 左右灌一次透水，连续 3~4 次即可。

2. 肥料管理

春夏季全年速效肥用量的 80% 以上应在此期间使用，但秋季（指 9 月中旬秋分节气过后）应控制氮肥供应并适当控制水分，以抑制秋梢生长，防止冻害发生。

3. 光照管理

香樟植株出土后不必遮阴。

（四）病虫害防治

1. 香樟常见病害

香樟的常见病害为白粉病，防治方法有以下两种。

（1）注意苗圃卫生，适当疏苗，发现病株应立即除掉。

（2）病症明显时，用 0.3~0.5°Bé 的石硫合剂，每 10d 喷一次，连续喷射 3~4 次。

2. 香樟常见虫害

香樟的常见虫害有樟梢卷叶蛾、樟叶蜂、樟巢螟等，防治方法有以下三种。

（1）樟梢卷叶蛾可用 40% 乐果 200~300 倍液喷杀幼虫，当幼虫大量化蛹期间结合抚育进行林地除草培土，杀死虫蛹。

（2）樟叶蜂用 90% 晶体敌百虫或 50% 马拉松乳剂各 2000 倍液喷杀，也可用 0.5kg 闹羊花或雷公藤粉末加水 75~100kg 制成药液喷杀。

（3）樟巢螟幼虫尚未结成网巢时，用 90% 晶体敌百虫 4000~5000 倍液喷杀，如幼虫已结成网巢，可人工摘除烧掉。

◎ 五、悬铃木

（一）植物简介

悬铃木（*Platanus acerifolia* Willd.）是悬铃木科悬铃木属的植物，为落叶乔木，阳性速生树种，有一定的抗寒力，在北京及以南各地均能露地安全越冬。

悬铃木树姿雄伟、叶大荫浓，树冠广阔，可孤植、列植。

悬铃木常采用播种繁殖，也可扦插、分蘖繁殖。

（二）种植规程

1. 繁殖方法

（1）播种法　12 月间采果球摊晒后储藏，到播种时捶碎，播种前将小坚果进行低温沙藏 20~30d，可促使植株发芽迅速并且整齐。

（2）扦插法　采集插条：在秋末冬初采集插条，以实生苗干或生长健壮的母树干处萌生的 1 年生枝条为好，树冠处 1 年生的萌发枝条也可选用。为保证插条供应，还可以用实生苗建立采穗圃。插穗剪取及处理：种条采回后，立即截成 15~20cm 长的插穗，每个插穗保留 2 个或 3 个饱满芽苞，因为枝条节上的养分较节间多。下切口要靠近节下，一般离芽基部约 1cm，以利其愈合生根，上切口距离芽先端 0.5~1cm，以防顶芽失水枯萎。插穗每 50~100 根捆成 1 捆，然后在排水良好、背风向阳处挖 1 个深 60~80cm、宽 80cm 的坑，坑长以插穗多少来确定。坑底铺一层虚土，将插穗大头朝下，直立排放在虚土上，最后覆土掩盖成圆球形，以防雨水渗入，待第 2 年春季取出进行扦插。春季也可随采随插，成活率也较高。扦插：取出沙藏的插穗，置于生根剂 1000 倍液中浸泡 2~3d，每 24h 换生根液 1 次。浸穗完成后，按株行距 15cm×30cm 进行扦插。插前先用与插穗粗细一致的硬棍打孔深约 10cm，然后进行扦插，插穗露出地面约 5cm，整床插完后用细土封堵插穗周围，使插穗与土壤紧密接触。

2. 栽培基质

播种苗床宽 1.3m 左右，床面施农家肥 2.5~5kg/m^2。

扦插地要选择排水良好、疏松肥沃的地块，进行深翻、消毒、整平后做成扦插床。待 3 月上中旬将扦插床大水漫灌 1 遍，等水渗完后，整床覆盖地膜。

3. 栽培设施

播种后及时搭棚遮阴，当幼苗具有 4 片叶子时即可拆除阴棚。

4. 栽植时间

悬铃木的栽植最佳时间是春季 3 月份。此时树木尚未发芽，这是起苗栽树的最佳时期。

5. 栽植

起苗根幅不低于胸径的 10~12 倍。栽植胸径 5cm 以上的大苗，栽前在 3.0~3.5m 高处定干，锯口涂防腐剂，减少苗木体蒸腾，确保苗木成活。

（三）日常管理

1. 水分管理

栽后立即浇透水 1 遍，然后每隔 7 天浇水 1 次，浇足浇透，连浇 3~4 遍，浇后中耕、松土。

2. 肥料管理

秋季每株施有机肥 50~75kg，踏实、浇水，树干基部培土进行防寒越冬。

3. 防倒伏

生长季栽植后立好支柱，支柱距树干约 1.5m，支柱约 3.5m，埋入土中 0.5m，支树干 2~3m 处，在距支柱顶端 20cm 处与树干用绳按"8"字形扎缚，树干扎缚处需先垫上草圈，以免擦伤树皮。也可使用拉绳防倒伏。

4. 防除杂草

有杂草丛生的，每年都需中耕除草。中耕深度 5~10cm，浇水后松土。树穴土面应经常保持与人行道路面相平，中心部位应高出路面约 10cm。

（四）病虫害防治

1.悬铃木常见病害

悬铃木的常见病害为霉斑病，防治方法有以下两点。

（1）可采用换茬育苗，严禁重茬；秋季收集留床苗落叶烧去，减少越冬菌源。

（2）5月下旬至7月，对播种培育的实生苗喷 1 ： 2 ： 200 倍波尔多液 2~3 次，有防病效果，药液要喷到实生苗叶背面。

2.悬铃木常见虫害

悬铃木的常见虫害为星天牛、光肩星天牛、六星黑点蠹蛾、美国白蛾、褐边绿刺蛾等。防治方法有以下三种。

（1）人工捕捉或黑光灯诱杀成虫、杀卵、剪除虫枝、集中处理等方法。

（2）大量发生时在成虫及初孵幼虫发生期，可用 40% 氧化乐果乳油、50% 辛硫磷乳油、90% 敌百虫晶体、25% 溴氰菊酯乳油等 100~500 倍液喷涂枝干或树冠。用注射、堵孔法防治已蛀入木质部的幼虫。

（3）对于多数天牛、木蠹蛾幼虫可采用，用注射器或用药棉沾敌敌畏、氧化乐果、溴氰菊酯等 1~50 倍液塞入虫孔；用磷化铝片或磷化锌毒签塞入虫孔，外用黄泥封口，效果均很好。

◎ 六、红叶李

（一）植物简介

红叶李（*Prunus cerasifera* Ehrh cv.Atropurpurea）是蔷薇科梅属的植物，为落叶小乔木。红叶李是樱李的变种。

红叶李以叶色闻名，嫩叶鲜红，老叶紫红，常与雪松、女贞等其他树种搭配，可孤植、对植、列植。

红叶李多采用嫁接繁殖，也可用压条及扦插繁殖。

（二）种植规程

1.繁殖方法

（1）嫁接法　用毛桃、李、梅、杏等作砧木，切接宜在春季发芽前（2月中旬~3月上旬）进行，芽接宜在秋季（8~9月）进行。用桃作砧木嫁接的植株，生长势旺，叶色紫绿；用梅实生苗嫁接植株叶色鲜亮。嫁接苗成活后 1~2 年可出圃定植。

（2）压条法　常在梅雨季节用高空压条法。离枝顶 20~25cm 处作环状剥皮，用潮湿腐叶和薄膜包扎，秋季即可剪离定植。

（3）扦插法　每年 11~12 月间，选当年健壮枝条作插穗，最好选木质化程度较高的种条中下部，插穗长 10~12cm。插穗需用生根粉 A8T1 号 50mg/kg 溶液处理 10~12h，或用萘乙酸 50mg/kg 的溶液处理 2h，插穗插入土中 3/4，插好后地面要露出 1~2 个芽，插后需浇水并盖棚覆膜。翌年春季即可出圃移栽。

2. 栽培基质

用来扦插的基质宜采用扦插营养土或河砂、泥炭土等材料。当无条件很难弄到理想的扦插基质时，建议使用已经配制好并且消过毒的扦插基质；用中粗河砂也行，但在使用前要用清水冲洗几次。

红叶李栽培所用土壤要求不严，喜肥沃、湿润的中性或酸性沙质壤土，也能耐轻度盐碱土，在 pH 为 8.8、含盐量 0.2% 的轻度盐碱土中能正常生长。

3. 栽培设施

扦插苗需要用 2~3cm 的竹片做支架。竹片长度根据拱高和畦宽而定。一般拱高为 50~80cm，棚膜通常采用 0.08mm 厚的白色棚膜，同时准备好防寒用的草席。

4. 移植时间

移植春、秋季为主，尤以春天为好，最好在萌芽前 10d 左右起苗，秋季宜在枝条成熟后的 10 月左右进行。注意快起苗，运输、栽植、浇水的时间都要根据苗木的具体情况而定，助苗成活。

（三）日常管理

1. 肥、水分管理

红叶李喜湿润环境，对新栽植的苗应浇足定根水，如天气干旱，每月应浇 1 次水，7~8 月降雨充沛，若不过于干旱，可不浇水，雨水较多时，还应及时排水，防止积水烂根。11 月上中旬应浇足、浇透封冻水。在第二年管理中也应于 3、4、5、6、9 月和 11 月中上旬各浇水 1 次。第 3 年可使其自然生长。

红叶李喜肥，除栽植时在坑底施入适量腐熟发酵的圈肥外，以后每年在浇封冻水前施入一些农家肥，可使植株生长旺盛，叶片鲜亮。每年只需在秋末施 1 次肥即可，施肥量应适中，如果施肥次数过多或施肥量过大，会使叶片颜色发暗而不鲜亮，降低其观赏价值。

桃砧生长势旺，叶色紫绿，怕涝；梅或杏砧叶色鲜艳，耐涝、耐寒力差，但生长势不如桃砧。栽培过程中，保持土壤湿润。生长期施肥 2~3 次。

2. 光照管理

在扦插后必须把阳光遮掉 50%~80%，待根系长出后，再逐步移去遮光网：晴天时每天下午 4:00 除下遮光网，第二天上午 9:00 前盖上遮光网。

压条繁殖存放在遮阴环境养护一周。

红叶李植株栽植后喜温暖、湿润和阳光充足的环境，若光照不足，会使枝条徒长，株形不紧凑，叶色将变绿不鲜艳。

3. 温度管理

插穗生根的最适温度为 20~30℃，低于 20℃，插穗生根困难、缓慢；高于 30℃，插穗的上下两个剪口容易受到病菌侵染而腐烂，并且温度越高，根的腐烂比例越大。扦插后遇到低温时，保温的措施主要是用薄膜把用来扦插的花盆或容器包起来；扦插后温度太高时，降温的措施主要是给插穗遮阴，要遮去阳光的 50%~80%。同时，给插穗进行喷雾，每天 3~5 次，晴天温度较高喷雾次数也应较多，阴雨天温度较低温度较大，喷雾的次数应少或不喷。

4. 湿度管理

扦插后必须保持空气的相对湿度在 75%~85%。通过喷雾来减少插穗的水分蒸发：在有遮阴的条件下，给插穗进行喷雾，每天 3~5 次。晴天时，温度越高喷雾的次数越多，阴雨天，温度越低喷雾的次数应少或不喷。过度地喷雾，容易使插穗被病菌侵染而腐烂，因为很多种类的病菌就存在于水中。

（四）病虫害防治

1. 红叶李常见病害

红叶李常见病害有叶斑病、炭疽病、褐斑穿孔病、流胶病、白粉病等，防治方法是：用 1∶1∶100 波尔多液或 70% 甲基托布津可湿性粉剂 1000 倍液喷洒。

2. 红叶李常见虫害

红叶李的常见害虫有大蓑蛾、黄刺蛾、茶袋蛾、尺蠖等食叶害虫，桃粉蚜、草履蚧、小绿叶蝉等刺吸害虫及螨类、蛀干害虫等。防治方法是用 40% 氧化乐果乳油 1500 倍液喷杀。

七、樱花

（一）植物简介

樱花（*Prunus serrulat* Lindl.）是蔷薇科梅属的植物，为落叶小乔木。中国东北、华北均有栽培。生长快但树龄较短，盛花期在 20~30 龄，50~60 龄则进入衰老期。

樱花为著名观花树种，花期早，开花时满树灿烂。樱花宜于山坡、庭园、建筑物前及路旁种植。

樱花多采用嫁接繁殖，也可用嫩枝扦插。

（二）种植规程

1. 繁殖方法

（1）嫁接法　①枝接是采用植株的枝条作为接穗进行嫁接的方法，可分为切接、劈接、腹接、插皮接、靠接等，多在春季进行。枝接成活率高，嫁接苗生长优良且迅速。不足之处在于此法使用的接穗多，繁殖系数小，对砧木有一定的粗度要求。红枫小苗很适合这样方法。②芽接　芽接是指在接穗上取一个芽，然后将其嫁接在砧木上，经萌芽抽枝后形成新植株的方法。芽接一般宜在 6~9 月间进行，芽接的繁殖方法在园林植物繁殖生产中应用颇为广泛。芽接具有操作方法简单，嫁接成活率和繁殖系数高、接穗使用量少、对砧木要求不高等优点。

（2）扦插法　6 月中上旬至 9 月中上旬采集当年萌发的半木质化枝条剪成10~15cm 长的枝段每个枝段保留顶部 2~3 片叶，其余叶片连同叶柄一起摘掉。插条下切口用利刃平切要求切面平整。把剪好的插条捆成 50 枝或 100 枝的小捆在阴凉潮湿处将插条基部 3~4cm 浸泡在浓度为 50mg/L 的 ABT 生根粉 1 号溶液中 5~8h 或在浓度为 100mg/L 的 ABT 生根粉 1 号溶液中浸泡 2~4h，扦插深度为 4~5cm（如图 5-8 所示）。

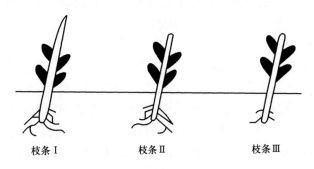

图 5-8　樱花扦插

2. 栽培基质

扦插苗床底部先下挖 25cm 而后铺垫厚 10cm 左右的炉渣，上面再铺厚10cm 左右的膨胀珍珠岩或青沙作为扦插基质浇透水，待扦插使用。

种植樱花栽培，用土是关键。一般可采用自制腐叶土（收集树叶及酸性土、鸡粪、木炭粉及微生物沤制而成）。

3. 栽培设施

扦插选阴凉易排水处搭建宽 1.2~1.5m、长 5.0~6.0m 的塑料小拱棚，拱棚高度 70~90cm。

4. 栽植时间

栽植在植株落叶后至翌年发芽前进行。

5. 栽植

扦插苗移栽前，将棚膜逐渐打开炼苗，7d 左右减少洒水量。移栽时将经培育的扦插苗直接移入大田，立即浇透水，用遮阳网遮阴几天，忌暴晒。也可先移入营养钵中（培养土要求通透性好）移后放入小拱棚内，浇透水覆上棚膜，保湿遮阴几天。开始时，每天早晚通风，2~3d 后逐渐加大通风量，10d 后打开棚膜去掉遮阴物，再炼苗 4~5d 后即可移入大田。

苗木移栽时容易成活，一般可裸根定植。在平地栽植可挖直径 1m，深 0.8m 的穴。穴内先填约一半深的改良土壤，把苗放入穴中央，使苗根向四方伸展。少量填土后，微向上提苗，使根系充分伸展，再行轻踩。栽苗深度要使最上层的苗根距地面 5cm。栽好后做一积水窝，并充分灌水，最后用跟苗差不多高的竹片支撑，以防刮风将苗木吹倒。

（三）日常管理

1. 水分管理

扦插苗棚内每天清晨适量喷洒清水 1 次。定植后苗木易受旱害，除定植时充分灌水外，以后 8~10d 灌水一次，保持土壤潮湿但无积水。灌后及时松土，最好用草将地表薄薄覆盖，减少水分蒸发。定植后 2~3 年内，为防止树干干燥，可用稻草包裹。但 2~3 年后，树苗长出新根，且对环境的适应性逐渐增强时，则不必再包草。注意土壤不要积水，增强土壤透气性。

2. 肥料管理

樱花每年施肥两次，以酸性肥料为好。一次是冬肥，在冬季或早春施用豆饼、鸡粪和腐熟肥料等有机肥；另一次在落花后，施用硫酸铵、硫酸亚铁、过磷酸钙等速效肥料。一般大樱花树施肥，可采取穴施的方法，即在树冠正投影线的边缘，挖一条深约 10cm 的环形沟，将肥料施入。此法既简便又利于根系吸收养分，以后随着树的生长，施肥的环形沟直径和深度也随之增加。

3. 温度与湿度

扦插苗棚内相对湿度保持在 95% 以上，以后每天清晨适量喷洒清水 1 次。拱棚内温度宜保持在 30℃左右，若超过 35℃可洒水降温，基质温度以 25℃左右为宜。

（四）病虫害防治

1. 樱花常见病害

樱花常见的病害有根癌病、白纹羽病、紫纹羽病等，防治方法有以下三种。

（1）根癌病防治为樱花定植前用 K_{84} 做根部处理。

（2）白纹羽病防治采用加强苗木检疫；消毒树根。

（3）紫纹羽病防治加强栽培管理，增强树势；消毒土壤，用福尔马林、代森铵等；检疫苗木。

2. 樱花常见虫害

樱花常见的虫害有蚜虫、红蜘蛛、蚧壳虫等，防治方法有以下几点：

以预防为主，在樱花一年生长过程中，喷药 3~4 次，第一次花前期，第二次花后期，第三次 7~8 月。

实训三 ›› 乔木栽培实训

一、实训目的

通过学习几种常见乔木的栽培技术，掌握乔木繁殖方法、栽培种植规程、日常管理等，以期能生产出高质量的园林绿地所应用的乔木植物。此次实验以樱花为例，实训整理苗床、插穗、做好肥水管理等技术。

二、实训器材

10~15cm 长樱花枝段（留顶部 2~3 片叶），ABT 生根粉 1 号，竹签或短木钎若干。

三、实训步骤

（1）苗床准备　青沙作为扦插基质浇透水

（2）插条处理　插条基部约 3~4cm 在 ABT 生根粉 1 号（中国林业科学院 ABT 研究中心研制）在浓度为 100mg/L 的溶液中浸泡 2~4h。

（3）扦插方法　株距 3cm、行距 5cm 扦插于插床内（以插条叶片互不重叠为宜）。扦插时先用稍粗于插条的短木钎打孔，然后将插条放入孔内，压实插条周围的基质，使基质与插条紧密接触，扦插深度为 4~5cm。

（4）遮阴浇水　搭建宽 1.2~1.5m、长 5.0~6.0m 的塑料小拱棚拱棚高度 70~90cm。扦插后立即用清水洒透，盖严棚膜，使相对湿度保持在 95% 以上。以后每天清晨适量喷洒清水 1 次。拱棚内温度宜保持在 30℃左右，若超过 35℃可洒水降温，基质温度以 25℃左右为宜。

（5）通风　插条开始生根时（一般在扦插后 15d 左右）。

（6）移植　移栽前将棚膜逐渐打开，炼苗 7d 左右，并减少洒水量。移栽时将经锻炼的扦插苗直接移入大田立即浇透水，用遮阳网遮阴几天，忌暴晒。也可先移入营养钵中（培养土要求通透性好），移后放入小拱棚内，浇透水，覆上棚膜，保湿遮阴几天，开始时每天早晚通风，2~3d 后逐渐加大通风量，10d 后打开棚膜，去掉遮阴物，再炼苗 4~5d 后即可移入大田。

（7）施肥　采用酸性肥料。

◎ 练习题 ››

一、填空题

1. 雪松的育苗方法有＿＿＿＿和＿＿＿＿。红叶李繁殖方法常采用_____。

2.圆柏小苗移植时可_____，樱花小苗移植可_____。

二、判断题

1.红叶李移植时间以春、秋为主，尤以春天为好，最好在萌芽前10d左右起苗，秋季宜在枝条成熟后的10月左右进行。（　　　）

2.香樟起苗需带土护根，有利于香樟的成活。移栽次数越多，根系发育越少，成活率越低。（　　　）

3.广玉兰嫁接苗抹除砧木萌芽是日常管理关键环节。（　　　）

4.雪松和圆柏为常绿乔木，常见病害为立枯病、黄叶病。（　　　）

5.香樟生长速度中等偏慢，幼树生长快，成年后生长转慢，寿命可长达千年以上。樱花生长快但树龄较短。（　　　）

6.广玉兰树枝干最易为烈日灼伤，以致皮部爆裂枯朽，形成严重损伤，不论大树小苗、新栽或成林树，凡夏季枝干有暴露于烈日之下的，均应及早以草绳裹护或涂抹石灰乳剂，以免造成不可挽救的损失。（　　　）

7.春季在树木萌芽后栽植时，落叶树的成活率一般高于常绿树。（　　　）

三、选择题

1.树木定植时的栽植深度一般（　　　）。

A.应浅于原土印　　　　　　　　B.应深于原土印

C.应基本平于原土印　　　　　　D.对树木生长无影响

2.下列属于描述广玉兰正确的为（　　　）。

A.喜肥树种　　　　　　　　　　B.落叶树种

C.速生树种　　　　　　　　　　D.观花树种

3.在树木器官疾症的诊断中应遵循（　　　）的顺序进行。

A.根、干、枝、叶　　　　　　　B.叶、干、枝、根；

C.叶、枝、根、干　　　　　　　D.叶、枝、干、根

4.雪松苗园林栽培移栽应（　　　）。

A.春季　　　　　　B.夏季　　　　　C.秋季　　　　　D.冬季

5.樱花栽植应在（　　　）。

A.落叶后至发芽前　　　　　　　B.落叶后或发芽后

C.落叶前或发芽前　　　　　　　D.落叶前或发芽后

四、简答题

雪松栽培管理注意事项有哪些？

项目四〉〉乔木的修剪与整形

学习目标

通过学习几种常见乔木的修剪与整形技术，掌握适合常见乔木的分枝方式、修剪时期、修剪要点、整形方式与修剪技术，旨在培育合理树形、优质苗木供给到园林绿化中。

学习重点与难点

学习重点：常见几种乔木整形类型。

学习难点：常见几种乔木整形修剪技术。

项目导入

我国园林树木资源十分丰富，乔木树种约 2500 种。它们在世界城市园林绿化中起到重要的作用。它们在各类型园林绿地及风景区中起着重要的骨干作用。合理美观的树木在栽培时期就要通过整形修剪来定型。乔木整形修剪过程中有一些关键技术，如乔木分枝方式、修剪时期、修剪要点、整形方式、修剪技术等。抓住细节才能培育出符合园林应用的绿化苗木。

一、雪松修剪与整形

（一）树形选择

雪松分枝方式为单轴分枝。生长或开花特征是树姿端正，杂枝少，有春、秋梢整形方式采用中央领导干形（地位分枝）。

（二）整形与修剪

雪松的修剪季节一般在春、秋两季。修剪要点为维护主梢、下枝，疏剪分布不匀枝；整理杂枝，修剪宜少。

1. 留床苗修剪

无论播种苗还是扦插苗，在苗床期一般都不必整形和修枝，只需疏除病枯枝和树冠紧密处的阴生弱枝即可。

2. 培大苗整形

（1）繁殖苗留床 1~2 年后，即可移植。移植时应保留根际宿土，主干要扶正，应设立支柱，让其顺势生长。若不朝上，可对主干进行捆绑。若有竞争枝，则需及时剪除。

（2）保证各主枝围绕主干分层排列，每层 4~6 个，并朝不同方伸展。间层距离 40~50cm（如图 5-9 所示）。

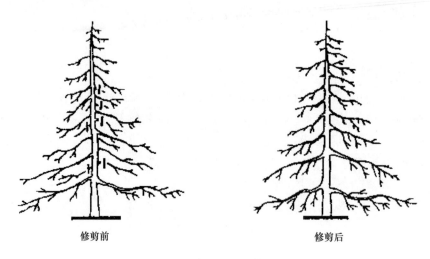

修剪前   修剪后

图 5-9　雪松修剪

（3）要注意使各主枝平衡生长，优质雪松要求下部主枝长，向上侧枝随主枝高度升高而逐渐缩短（如图 5-9 所示）。

（4）有的雪松下部长势甚好，上面相对较弱，这严重影响树形的美观，要对下部平衡枝、重叠枝进行回缩修剪，疏去过密轮生枝，对上部枝条也要相应调整。

（5）有些雪松在生长过程中会出现偏冠或弱冠现象，要进行牵引处理，即用绳子或铁丝牵引。对于强势的枝条要进行适当的回缩修剪，以平衡树势。

3. 移植与出圃修剪

雪松系常绿树种，出圃或移植均应带上土球，在休眠期移植成活率较高。在正常情况下，只要适当疏剪过密枝叶，做到树冠通透，以树形不变为原则，修剪不宜过重。

4. 雪松常见不良树冠的改造

（1）偏冠树的改造　雪松因扦插时插穗选择不当或局部伸展空间受到制约，而出现幼树偏冠现象。改造方法一是引枝补空，将分布过多的枝条用绳索牵引，就近补空。二是刺激隐芽萌枝，春季在空缺面选适当部位的芽眼进行刻伤，刺激隐芽萌发成枝，消除空缺。刻伤的方法是在春季发芽前用利刀在芽眼的上方进行横刻，横刻深达木质部。

（2）下强上弱树形的改造　雪松顶梢若未能保持顶端优势，则营养将会分散到下部的主侧枝，从而造成树势下强上弱。可扶正顶梢，加强顶端优势。树冠上部要去弱留强，去掉下垂枝，留平斜枝或斜向上枝，以起复壮作用。对下部强壮的重叠枝、平行枝和过密枝进行回缩修剪，待长势缓和后再疏除；对上部的枝条，用 40~50mg/L 赤霉素（GA）溶液喷洒，每隔 20d 喷一次，以促进其生长（如图 5-10 所示）。

（3）主干分叉枝的改造　当雪松树冠上部出现竞争枝而未及时消除时，则会出现主干分叉枝。可选留强壮且通直的枝条作为主干延长枝继续培养，将另一较弱的枝条进行回缩重剪，剪口下留一分生侧枝，使主从关系鲜明，保留主干延长枝的顶端优势，第二年冬季将回缩后的竞争枝从主干基部疏除（如图 5-11 所示）。

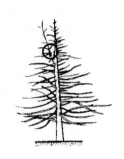

图 5-10　雪松下强上弱树树势的调整　　　　　图 5-11　雪松主干分叉

二、圆柏修剪与整形

（一）树形选择

圆柏分枝方式为单轴分枝（总状分枝）。生长特征是树姿端正，杂枝少，容易形成发达而通直的主干。整形方式采用中央领导干形（地位分枝）。

（二）整形与修剪

幼树主干上距地面 20cm 范围内的枝应全部疏去，选好第一个主枝，剪除多余的枝条，每轮只保留一个枝条作主枝。要求各主枝错落分布，下长上短，呈螺旋式上升。如创造游龙形树冠，则可将各主枝短截，剪口处留向上的小侧枝，以便使主枝下部侧芽大量萌生，向里生长出紧抱主干的小枝。

在生长期内，当新枝长到 10~15cm 时，修剪一次，全年修剪 2~8 次，抑制枝梢徒长，使枝叶稠密称为群龙抱柱形。同时应剪去主干顶端产生的竞争枝，以免造成分叉树形。主干上主枝间隔 20~30cm，并及时疏剪主枝间的瘦弱枝，以利于树枝间的通风透光。对主枝上向外伸展的侧枝及时摘心、剪梢、短截，以改变侧枝生长方向，造成螺旋式上升的优美姿态（如图 5-12 所示）。

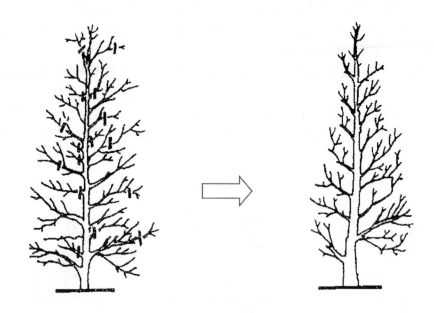

图 5-12　圆柏修剪

◎ 三、广玉兰修剪与整形

（一）树形选择

广玉兰分枝方式为单轴分枝或合轴分枝。生长或开花特征是树姿端正，枝条分布较均匀，少有秋梢，愈伤能力弱。整形方式常采用中央领导干或多领导干形。

（二）整形与修剪

成熟植株修剪季节一般以秋季果后为主。修剪要点为密处适当疏剪，也可少量回缩甚至短截，但修剪不宜多。

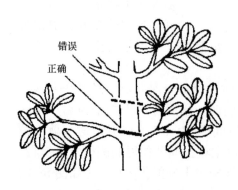

图 5-13　广玉兰剪口部位

1. 繁殖苗修剪

广玉兰幼时要及时剪除花蕾，使剪口下壮芽迅速形成优势，向上生长，并及时除去侧枝顶芽，保证中心主枝的优势（如图 5-13 所示）。嫁接苗成活后，及时除去砧芽，要及时立引干，修剪，保持主干挺直。

2. 培大苗整形

广玉兰若生长势过旺，常会出现双头现象，也容易造成头重脚轻的状况，特别是在雨后，植株的上部枝条易倒伏。当生长过盛时要及时疏枝和摘叶。特别是主干生长过旺时，就要及时摘除靠近顶端的叶片，适当短剪靠近顶端的侧枝，保持主干的挺直。因广玉兰梢顶的混合芽常是一个主芽，两个副芽，枝条比较紧凑，内膛枝、重叠枝比较多，要注意及时的删剪。在培大过程中要逐年留好枝下高，每年视苗的生长势及整体长势的均衡性，来决定最下部的枝条。每年修剪1或2盘，合适的枝下高为1~1.2m（如图5-14所示）。

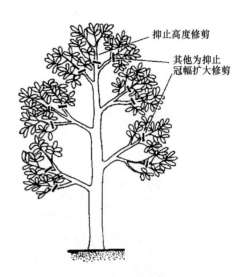

图5-14　广玉兰基本修剪

3. 移植与出圃修剪

广玉兰的新枝萌芽能力差。在移植和出圃时，应带泥球。常采用疏枝和摘叶的方法，忌短截。剪除病虫枝、重叠枝、内膛枝和扰乱树形的枝条，并保持树的完整，选择性摘叶，一般可摘除1/3~1/2的叶片。如摘除过多会降低蒸腾拉力，造成根部吸水困难。

◎ 四、香樟修剪与整形

（一）树形选择

香樟分枝方式为合轴分枝。生长或开花特征是树姿雄伟，枝较多，常有分叉、生长势不匀的现象，有秋梢。整形方式以自然直干形为主，也可采用多主枝形。

（二）整形与修剪

修剪季节一般以春季为主。修剪要点为维护多个主枝的匀称，突出树冠中心部分，疏剪强枝，短截或回缩长枝。

1. 苗期修剪

育苗期应进行两次以上的移植，以促进侧根的生长，提高出圃移栽的成活率，移栽的最佳时间为4月初叶芽萌动时。第一次移植为一年生幼苗进行定植培大，定植两年后宜再做一次抽稀培大，第二次移植时应带土球，并对根系和枝叶进行适当的修剪。保持适当的株行距，提供其足够的生长空间，可使苗木生长健康、树形优美。香樟树幼苗生长到20cm高时，对多个主干的幼苗进行修剪，保留粗壮、通直的枝条为主干，其余的枝条自根颈部剪除。

（1）根系的修剪　当主根过长，栽植时易窝根，不利于香樟树根系的生长。一般将主、侧根剪留3~6cm，以利于侧根的生长，保留须根，形成发达的根系。

剪除伤根、病虫根，剪口要求平滑。

（2）枝叶的修剪　为了减少水分的蒸腾，保持地上部分与地下部分的水分平衡，提高移植成活率，必须对枝叶进行大范围的修剪。从主干上剪除枝条的2/3，仅留1/3。

2. 培大苗整形

培大期间对苗木进行整形修剪，以保持适当的分枝点和丰满的树冠（如图5-15所示）。

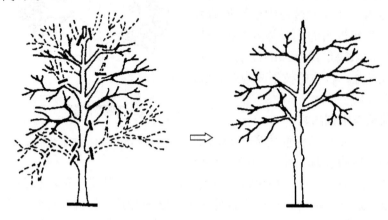

图 5-15　香樟修剪

（1）保持适当的分枝点。应根据苗木的长势，每年在叶芽萌动以前，自下而上从主干上剪去1~2盘枝条，以后逐步提高苗木的分枝点。定干高度宜在3~3.5m。

（2）保持主干的生长优势。在生长季节，随时调整树形，及时将长势强于主干的竞争枝剪除或向下压，剪除一部分枝梢，以保持树势的平衡，形成优美的树冠。

（3）及时修剪树冠内的细弱枝、病虫枝、交叉枝、并生枝等，保持树冠的通透性，以减少不必要的营养消耗和病虫害的发生。

3. 移植与出圃修剪

樟树宜在4月初新芽萌动时带土球移植，苗木成活率高。苗木出圃与移植前应对根部进行处理（不带土球的情况下），剪掉断根、枯根、烂根等，保留骨架枝，不应作"杀头"处理，对主枝进行适度短截，疏枝量大，仅保留少量枝叶即可，有利于提高苗木的成活率。

◎ 五、悬铃木修剪与整形

（一）树形选择

悬铃木的分枝方式为合轴分枝。生长或开花特征是树姿端正，新梢在生长期末因顶端分生组织生长缓慢，顶芽瘦小或不充实，而由顶端下部的侧芽取代，分枝较均匀。整形方式常采用杯状或合轴主干。

（二）整形与修剪

悬铃木为幼树时，可依据功能环境的需要进行修剪。培育杯状行道树大苗时，必须在苗木合理密植的基础上进行。

第一年扦插的株行距为 60cm×60cm。选择速生少球悬铃木品种，当年株高可达到 2.5~3.5m，待秋后或初春按"隔行去行，隔株去株，留大去小，保强去弱"的原则定苗，使留苗株行距基本达到 1.2m×1.2m。

第二年使之继续生长。冬季定干，在树高 3.5~4.0m 处剪去梢部，将分枝点以下主干上的侧枝剪去。

第三年待苗木萌芽后，选留 3~5 个处在分支点附近（分布均匀与主干成 45°左右夹角）、生长粗壮的枝条作主枝，其余枝条则分批剪去。冬季对主枝留 50~80cm 短截，剪口芽留在侧面，尽量使其处于同一水平面上，翌春幼芽萌发后各选留 2 个 3 级侧枝斜向生长，即形成"3 股 6 杈 12 枝"的造型，经 3~4 年培育的大苗，胸径在 7~8cm 以上，已初具杯状形冠型，符合行道树标准，此时苗木可出圃（如图 5-16 所示）。

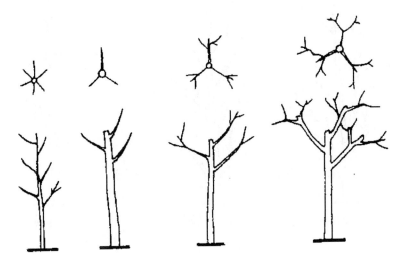

图 5-16　悬铃木杯状树形修剪

◎ 六、红叶李修剪与整形

（一）树形选择

红叶李分枝方式为合轴分枝。红叶李的生长或开花特征是树姿圆整，萌芽力、成枝力均强，观叶兼观花。整形方式以多枝闭心形为主。

（二）整形与修剪

修剪季节一般在冬季，修剪要点是疏剪结合，对部分分枝进行短截和回缩，控制树势。整形一般分四年进行（如图5-17所示）。

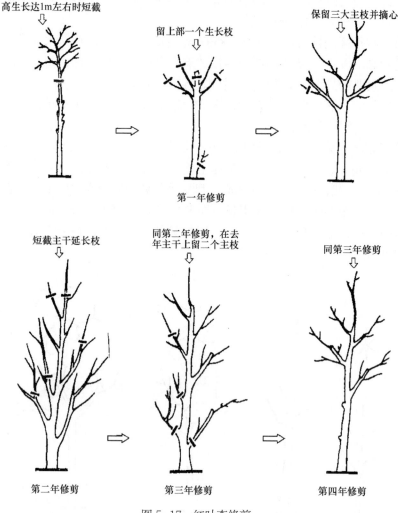

图5-17　红叶李修剪

第一年的修剪在栽植后进行，在干高0.8~1.2m处短截，剪口下的第一个芽作为主枝延长枝，另在第一个芽的下方选取3~4个粗壮的新生枝条作为主枝，枝条应均匀分布，可不在同一轨迹，但上下不应差5cm以上，且应呈45°向上展开。主枝选定好后，在生长期要对其进行适当的摘心，以促苗木生长粗壮。

第二年冬剪时，还应适当短截主枝延长枝，选取壮芽，在其上1cm处短截，芽的方向应与头年主干延长枝的方向相反，主枝也应进行短截，留粗壮的外芽。

第三年冬剪时，主干延长枝再与第二年的主干延长枝方向相反，并选留第二层主枝，也同样保留外芽，长成后与第二年主枝错落分布，如图 5-17 所示。

第四年照此法选留第三层主枝。

在实际工作中，不管是哪种红叶李树形，在对各层主枝进行修剪的时候，应适当保留一定数量的侧枝，使树冠充实而不空洞，在树形基本形成后，每年只需要剪除过密枝、下垂枝、重叠枝、交叉枝和枯死枝即可。

◎ 七、栾树修剪与整形

（一）树形选择

栾树分枝方式为合轴分枝。生长或开花特征是树姿端正，萌蘖性强，但枝条常疏密不匀，无明显主干。整形方式常采用多领导干形。

（二）整形与修剪

修剪季节一般冬季。修剪要点为整理杂枝为主，不宜多修剪。栾树萌芽力强，一年的生长高度达不到定干要求，在第二年侧枝有大量萌生，且分枝角度较大，很难找到主干延长枝，故自然长成的主干常常是矮小而弯曲的，移植后一年如果认为干形不合要求，长势不旺，或地上部分严重受损，可以在春季发芽前将其齐地面平茬，使其长出端直健壮的主干（如图 5-18 所示）。

图 5-18　栾树平茬养直树干

干高根据需求定为 2.5~3.5m。种植当年冬季，在分枝点以上萌发出的枝条中，选留 3~5 个生长健壮且分布均匀的枝条做主枝，其余全部疏除。保留下的枝条短截留 45cm 左右，第二季夏季在选定的主枝上保留 6~9 个芽，芽的分布方向要合理，不可交叉，且要分布均匀，由此形成侧枝。待初冬修剪时再对侧枝进行短截，短截长度为 50cm 左右。按此法进行修剪，3 年后即可形成基本树形，以后要及时疏除干枯枝、病虫枝、内膛枝、交叉枝、徒长枝。

◎ 八、樱花修剪与整形

（一）树形选择

樱花分枝方式为合轴分枝。生长或开花特征是树姿广展，成枝力强，但愈伤能力弱；夏秋季有腋芽分化。因樱花自然树冠优美，枝条生长旺盛，多以自然心形为主，栽培时应保留中心主干，待四周主枝斜生开展后，除去中心主干，或任其自然成弱长势生长成自然心形树冠。

（二）整形与修剪

修剪季节一般在冬季或初夏。修剪要点以整理杂枝为主，不宜多修剪。

1. 定干整形

樱花一年生嫁接小苗，当年可达 1m 以上，强盛而直立，一般留 1~1.5m 截干，剪除基部萌蘖枝及分枝点较低的侧枝。以剪口下第一直立生长芽作主干延长枝，休眠期修剪时短截 1/3。选留下部 3~4 个长枝为主枝，短截 1/3，留外芽，以开张角度，使主干间各分枝分布合理，上下几层错落有序。经过两年后，主干上已有多个主枝，可剪除主干枝，选留方向适宜、间隔 30cm 左右的 3~4 个主枝，疏除其他分枝，同时根据主从关系调整各个侧枝（如图 5-19 所示）。

图 5-19　樱花自然心形

2. 培大苗修剪

樱花树形基本形成后，对各种枝条的修剪力求"从轻处理"，以疏剪为主。成形树一般少短截，保留的长枝次年先端抽长枝，其中下部抽短花枝，对花枝不宜行短截修剪，反复几年后，当主枝侧枝连续长放使树冠过于扩展时，应适当回缩修剪，在主枝中下部选方向角度适宜的分枝处剪切，更新主枝，促进主枝下部隐萌发，逐年剪除分枝点较低的侧枝，以抬高主干分枝点。樱花隐芽多而易萌发，便于老枝更新，但大枝剪口难愈合，一般以不超过 3cm 为宜。

实训（四）＞ ＞ 乔木整形修剪实训

一、实训目的

通过学习几种常见乔木的修剪与整形技术，掌握适合常见乔木的分枝方式、修剪时期、修剪要点、整形方式与修剪技术，旨在培育合理树形、优质苗木，以供给园林绿化。以樱花修剪为例。

二、实训器材

生长健壮、树形标准的樱花，枝剪。

三、实训步骤

1.修剪规程

修剪规程为一知二看三剪四检查。

（1）一知　修剪人员必须掌握操作规程、技术及其他特别要求。修剪人员只有了解操作要求，才可以避免错误。

（2）二看　修剪前应对植物进行仔细观察，因树制宜，合理修剪。

（3）三剪　由上而下，由外而里，由粗剪到细剪，从疏剪入手把枯枝、密生枝、重叠枝等不需要的枝条剪去，再对留下的枝条进行短剪。剪口芽留在期望长出枝条的方向。需回缩修剪时，应先修大枝，再修剪中枝，最后修小枝。

（4）检查　修剪是否合理，有无漏剪与错剪，以便修正或重剪。对剪口的处理和对剪下的枝叶进行集中处理。

2.修剪内容

（1）基本成形后对各种枝条修剪力求"从轻处理"，以疏剪为主。

（2）注意要选择剪除徒长枝、交叉枝、过密枝、病弱枝等。

练习题＞＞

一、填空题

1.雪松修剪时间一般在＿＿＿＿＿＿，栾树修剪时间一般在＿＿＿＿＿＿。

2.悬铃木田间定苗原则为＿＿＿＿＿＿＿＿＿＿＿＿＿＿＿。

二、判断题

1.红叶李修剪季节一般在冬季，修剪要点为疏剪结合，部分短截和回缩，控制树势。（　　　）

2.多领导干形就是丛球形。（　　　）

3.雪松修剪要点为维护主梢、下枝，疏剪分布不匀枝；整理杂枝，修剪宜少。（　　　）

4.悬铃木常采用的整形方式为杯状。（　　　）

5.修剪的双重作用是刺激与抑制。（　　　）

6.广玉兰幼时要及时剪除花蕾，使剪口下壮芽迅速形成优势，向上生长，并及时除去侧枝顶芽，保证中心主枝的优势。（　　　）

三、选择题

1.修剪中，短截的对象是（　　　）。

A.一年生枝　　　B.二年生枝　　　C.多年生枝　　　D.衰老大枝

2.幼苗樱花整形修剪常用的树形与修剪方法为（　　　）。

A.杯形，多疏少截　　　　　　B.自然心形，少疏多截

C.疏除梅钉，适当回缩　　　　D.旺枝疏除或轻短截，中佣枝长放

3.剪口芽的正确修剪方法，下列图示正确的是（　　　）。

A.　　　　　　　B.　　　　　　　C.　　　　　　　D.

4.园林树木修剪中，将一年生的枝梢剪去一部分（　　　）。

A.回缩　　　　　　B.疏删　　　　C.短截　　　　D.甩放

5.下列属于裸子植物（如雪松、圆柏）的常见分枝方式是（　　　）。

A.多歧分枝　　　　B.合轴分枝　　C.二叉分枝　　D.单轴分枝

6.下列属于香樟的分枝方式是（　　　）。

A.多歧分枝　　　　B.合轴分枝　　C.二叉分枝　　D.单轴分枝

7.香樟修剪时期常在（　　　）。

A.春季　　　　　　B.夏季　　　　C.秋季　　　　D.冬季

四、简答题

1.雪松常见不良树冠的改造方法有哪些？

2.要想把栾树培育成直干式、多领导干树形整形修剪过程如何？

参考文献〉〉REFERENCE

1. 陈志刚，北京市花卉市场的调查与分析．广东科技．2008，10（198）：47~51.

2. 曾宋君，２００８年广东年宵花卉市场预测．花卉，2008，1：26~27.

3. 秦贺兰，基质的性质及其对花卉穴盘育苗的影响．花卉，农业工程技术，2007.1：33~34.

4. 骆赞磊．F1代草本花卉育苗技术．江西园艺，2005，4：25~26.

5. 白征．花卉播种育苗技术．园林，2003，10：28~29.

6. 章玉平．一、二年生花卉播种育苗技术．现代农业科技，2008，2：28~31.

7. 杨斌．不同嫁接方式对接口愈合及生长的影响．中国林业，2008，12：62.

8. 安建会．蟹爪兰嫁接管理技术要点．现代农业科技，2009，1：12.

9. 王永发，唐中彦．园林植物的硬枝扦插繁殖技术．农技服务，2007，24（4）：98.

10. 薛勇．园林植物扦插繁殖成活的条件及时期．种子科技，2005，6：356.

11. 曹春英主编．花卉栽培．北京：中国农业出版社，2010.

12. 江世宏主编．园林植物病虫害防治（第二版）．重庆：重庆大学出版社，2011.

13. 岑炳沾，苏星主编．景观植物病虫害防治．广州：广东科技出版社，2003.

14. 杨子琦，曹华国主编．园林植物病虫害防治图鉴．北京：中国林业出版社，2002.

15. 张俊红，霍学红等．露地一二年生草花的整形修剪技术．现代园艺，2012（20）：44.

16. 肖秀芝．盆花换盆技术．湖南林业，2006（2）：16.

17. 潘春屏，颜桂龙等．塑料大棚规模化商品盆花栽培技术（下）．中国花卉园艺，2005（16）：26~27.

18. 李晓丹．一、二年生草花的花期控制．现代园艺，2013（10）：52.

19. 马文其．水仙的雕刻、养护与造型．园林，2004（11）：46~47.

20. 许随婷．水仙雕刻造型艺术．科技信息，2006（4）：9.

21. 瞿德君．水仙花的挑选、雕刻与养护．园林，2004（1）：38~39.

22. 叶季波．水仙花球雕刻造型入门．花木盆景（花卉园艺），2008（01）：27~29.

23. 张龙锋，李继祥．中国水仙的雕刻造型技艺．农村科技，2009（3）：52~53.

24. 马大勇，范静．盆栽花卉常见病害的综合防治法．农村天地，1996（10）：26.

25. 樊慧，余永梅．盆栽花卉的水分管理．石河子科技，2001（4）：7~8.

26. 周金梅．盆栽花卉的养护管理．吉林蔬菜，2011（5）：86~87.

27. 张发富．盆栽花卉栽培管理基本方法．现代园艺，2013（6）：52~53.

28. 王林轩．盆栽花卉栽培管理经验谈．现代园艺，2013（7）：123.

29. 李富贵．盆栽花卉栽培管理探讨．现代园艺，2012（1）：59~60.

30. 王秀娟．园林中盆栽花卉的栽培管理方法．中国新技术新产品，2010（11）：234.

31. 胡凤山，毕明河．论树木栽植的成活原理和养护原理．农林科技，2008，16：17.

32. 尹文彬，缑相斌，韩俊龙．浅谈对苗木成活率的研究．现代农业科学，2008，16：5~6.

33. 梁俊香．园林植物反季节栽植关键技术的探讨．河北林果研究，2009，3：103~105.

34. 张俊．行道树的栽植与养护．现代农业科技，2008，24：90~93.

35. 陈海钟．园林植物栽培养护．北京：高等教育出版社，2005.